现代园林设计与艺术译丛

园林设计论坛 1

王晓俊　译

东　南　大　学　出　版　社

图书在版编目（CIP）数据

园林设计论坛 1/(美)梅尔等著;王晓俊译.
南京:东南大学出版社, 2003.1
(现代园林设计与艺术译丛)
ISBN 7-81089-159-6

Ⅰ. 园… Ⅱ. ①梅…②王 Ⅲ. 园林设计-国际
学术会议-文集 Ⅳ.TU986.2-53

中国版本图书馆 CIP 数据核字(2002)第 094005 号

Designed Landscape Forum I
ISBN 1-888931-12-4
First Published in 1998 by Spacemaker Press, Inc.

Spacemaker Press, Inc.
739 Allston Way
Berkeley, CA 94710
USA

出版发行 东南大学出版社
地址 南京四牌楼 2 号
邮编 210096
Tel 86-25-3793330
Fax 86-25-3362442
E-mail yibian@seu.edu.cn
出版人 宋增民
经销 江苏省新华书店
印刷 利丰雅高印刷有限公司
开本 889mm×1194mm 1/12
印张 18 **字数** 588 千
版次 2003 年 7 月 第 1 版第 1 次印刷
印数 1-3000 册
定价 180.00 元
如有印装质量问题,可向发行科调换
Tel 86-25-3795801

目 录

空间营造者出版社
编者按

本书是空间营造者出版社(Spacemaker Press)为设计行业建立一种新的交流形式所作的第一次努力。现今大多数的书刊只提供艺术、园林、建筑或平面设计方面的某些实例，本书则是立足于20世纪末，对包括各种类型、形式和不同地区的园林设计艺术最新动态与状况进行广泛的概括论述。

本书所涉及的设计项目均为1996年11月在旧金山召开的园林设计论坛会议交流的设计与论文。尽管会议需要对这些设计进行筛选分类以便提供讨论，我们编纂此书的目的在于对设计领域作一概括论述。我们更感兴趣的是展示这些多姿多彩的设计，而不是对它的水平进行判断。关于后一点，我们留待读者做出明断。

我们试图通过图来描述255个不同的项目，在很大程度上依赖于提交的项目报表和说明。但我们却发现所提供的资料存在不少疏漏，例如有些呈报项目没有提到设计师的名字，有的则在项目说明中遗漏了设计单位的名称。我们只好凭借其他来源的信息进行推断(但愿这些推断正确)。还有一些遗漏了项目的地点、规模和主要特点。许多项目说明强调了设计背后的思想，但却没有解释这些思想是如何体现和形成的。

要编辑出版的项目如此之多，我们不可能与每一家设计单位或设计师联系去弥补这些疏漏，只好采用一套分类系统，与一些设计单位联系以纠正最明显的差错和疏漏。这套系统当然不可能令每一个人都满意，如果我们对某一项目的构思或特点的说明出现差错，希望设计师与读者接受我们衷心的歉意。我们恳请有意在下一届园林设计论坛提交设计的设计师务必对项目细节加以说明，包括项目的设计单位、设计师、项目地点、规模和日期(参见P215)。

本书中的项目简介与图片使读者对园林设计艺术有一个综合的印象，并附有20世纪90年代西方一些最优秀评论家的分析文章。尽管本书对当代园林艺术状况有较深入的探讨，然而，正如评论家约翰·比尔兹利(John Beardsley)指出的那样，读者还应考虑本书未涉及的作品类型。

例如，在我们日益全球化的文化中，适合于发展中国家的项目何在？其中只有少数几个是关于中、南美洲自然地区恢复与保护的项目。然而，一方面，日本西方化城市中的机构与公司园林设计广为流传，而另一方面，在那些比较贫穷而发展迅速的南亚城市中的公园、道路和文化中心恢复项目何在呢？非洲拥有丰富多彩、形形色色的美丽的艺术和设计的文化史，然而非洲民间的和宗教的保护项目又何在呢？孟买、桑给巴尔和开罗的园林设计和城市规划又何在呢？

在这些地区确实存在园林设计和园林艺术。但是这些方面在第一届园林设计论坛中几乎没有提及。因此，尽管我们努力不带偏见与保留地进行广泛调查研究，我们不得不承认本书的观点是站在西方文化的角度提出的。不过第一届园林设计论坛仅仅是个开始。我们的目标是通过将来的大会、研讨会和书刊不断地拓宽我们的视野。

园林设计论坛

1995 年 11 月，一群园林设计师和艺术家创建了园林设计论坛。我们的目的十分简单：多年来，世界各地出现了许多引人入胜的园林设计作品。不论它们被划分为大地艺术、园林设计、建筑或环境设计，这些作品代表了一系列个人的、团体的努力以及在休闲、开发、保护或改造等方面的努力，这些努力展现了文化上的雄心宏图。它们有的是叙事的，有的则是形式主义的；有的小巧，有的广袤宏伟；它们探索了不同程度的自然化和人工化手法。当代的园林设计呈现出风格和文化表现的丰富性与广博性。

尽管世界各地有如此众多构思并建成的园林项目，园林设计论坛认识到专业设计人员很少有机会对同行们的作品交换意见、进行评论。而目前的一些组织机构和书刊提供的观点是支离破碎、昙花一现的。园林设计论坛无论以往还是现在的意图都是建立一种新的交换信息情报的渠道。

我们建议通过各种各样的会议、评论项目和出版物来增加与园林相关行业的对话，扩大与促进对开放空间设计的一种健康的兴趣。我们希望进一步考虑同行们在形体或视觉方面的创作成果，加深认识和评论。我们鼓励与园林设计有关的设计师、赞助人、艺术家、历史学家、记者、摄影师和评论家都来参加设计方案的评论和世界各地同行们的集会。园林设计论坛根据这些计划方案每年或每两年出版一本反映当前"最新动态"的会议文集。

1996 年 11 月，第一届园林设计大会在旧金山的现代艺术博物馆召开。300 名来自世界各地的艺术家、建筑师、园林设计师、城市设计师、环境平面设计师、高校教师、赞助人、摄影师和新闻工作者济济一堂，考察与探讨 20 世纪园林艺术和设计的状况。

由著名的设计师、艺术家、评论家和学者组成的 3 个专题讨论小组对呈送大会的 255 件作品进行了评审，结果表明这些作品相当令人感兴趣，而且质量颇高，题材广泛。在专题小组成员——约翰·比尔兹利、詹姆斯·科纳(James Corner)、弗雷德里克·克里斯托夫·吉罗(Frederic Christophe Girot)、道格拉斯·霍利斯(Douglas Hollis)、里卡多·莱戈雷塔(Ricardo Legorreta)、迈克尔·曼瓦林(Michael Manwaring)、伊丽莎白·K·梅尔(Elizabeth K. Meyer)、劳里·奥林(Laurie Olin)、阿代勒·诺代·桑托斯(Adèle Naudé Santos)、玛莎·施瓦兹(Martha Schwartz)和马克·垂帕(Marc Treib)领导下，与会者积极踊跃地参加讨论。尽管不是为了评奖或奖励，专题小组成员的报告中提到了一些有代表性的设计项目。第二天上午进行了第二次小组讨论，同时展出了全部呈送会议的项目。大会结束后，专题小组成员伊丽莎白·K·梅尔、马克·垂帕、约翰·比尔兹利和詹姆斯·科纳分别就呈送大会的作品、美国及世界园林艺术和设计的现状以及这些作品和这次大会对园林设计行业未来发展的预示等问题进行了专题论述。

为了向读者更广泛与详尽地介绍本次大会的基本内容，园林设计论坛出版委员会和空间营造者出版社在本卷出版之际特作如下说明：

1. 编者收进全部 255 项呈送作品的图文。

2. 除了对专题小组讨论的多数作品项目的描述和多幅图像外，编者还收进了其他呈送作品的文字和图。

3. 编者收进了 4 位专题小组成员的论文，对本次会议及呈送作品进行了学术评论；论文之后还附有专题小组成员论文中涉及设计项目的简要说明。

4. 为了便于读者进行比较，编者把全部设计项目编成以下 7 个大类：庭园、大地艺术、公园、保护和改造、城市设计、机构环境和公司环境。

园林设计论坛/空间营造者出版社计划于 1998 年对尚未建成的园林设计出版书刊。将于东海岸召开的第二届园林设计论坛已进入初期计划阶段。

园林设计论坛的成员和顾问团特此向大会组织委员会和出版委员会致谢，向大会参与者和向大会提交作品者致谢。

引言

主席：乔治·哈格里夫斯
George Hargreaves

当坐下来为一卷有关园林设计论坛的较为独特的文集作序时，我不禁想起了在加利福尼亚州旧金山市布什街商场阁楼上的几次会议。应彼得·沃克(Peter Walker)和吉姆·特鲁洛夫(Jim Trulove)的邀请，由关心园林事业的人士参加的一次松散的会议在此召开了。大家讨论寻求如何扩大、加深并提高有关园林方面的交流。这就成了园林设计论坛的开始。论坛就有关园林的问题进行了广泛的评论，比现有媒体上的评论远为深刻。我们这样做的目的是使园林引起更广泛公众的兴趣和讨论。我们采用的方式有二。首先是于1996年11月7至8日召集了旧金山的园林专业人员和学术界对园林设计进行讨论。在这次大会上，我们展出了从众多的设计师和艺术家那里征集来的作品。由应邀参加会议的洞察力透彻敏锐的园林评论家组成的评判小组预先对这些作品进行审核，第二天，他们主持了园林设计的公开论坛。

接着评判小组成员和与会者一边观看所选设计项目的幻灯片，一边进行对话讨论，这无疑是大会最富有成果的、最吸引人的内容。本书(我们追求我们的更大目标的第二策略）刊载的专题讨论小组的论文把会议期间小组成员挑选出供评论的园林问题与深刻的回顾反思巧妙地交融在一起。我就在一群代表各种评论流派的杰出作家的论文中发现了一种有趣的对未来颇为一致的看法。如果像约翰·比尔兹利说的那样：若理论领导建设工作，那么我们在这些论文里看到了新园林的概貌了吗？

这本会议文献还包括所有提交方案及其说明。它们丰富的背景和来源，反映出论坛百花齐放以包罗艺术家、建筑师、园林设计师、环境设计师、平面造型设计师、摄影师和作家的初衷。这一规模体现了当代文化创造者的概况，他们直接地影响了园林设计。对园林设计各个方面思想意识的输入是对园林设计论坛的根本认可，也是对论坛吸引更多的园林有识之士并为他们服务的愿望的认可。

我们扩大范围开阔视域的第一次努力是完成了。只有时间能够说明我们的努力是否成功，将来还会出现什么其他的形式和论坛。

——园林设计论坛主席
乔治·哈格里夫斯

附言：会议经费短缺，承蒙众多志愿者花费自己最宝贵的时间支持我们的工作，特此致谢。

Anna Amundsen
Martha Folger
Jim Grimes
Chris Guillard
Sandra Harris
Hawley Holmes
Laura Jerrard
Dirk Johnson
Mary Margaret Jones
Rhonda Killian
Sarah Kuehl
Kate Lacouture
Michael Manwaring
Michael Sanchez
Jenni Zell

专题小组成员简历及项目精选

约翰·比尔兹利(John Beardsley) 身为作家、教师和展览馆馆长，精通环境和公共艺术、园林史、民间或“通俗”艺术。约翰·比尔兹利通过自己的写作探讨环境艺术对公共空间的设计和象征形式的影响。他的书《地景艺术及其他：当代园林艺术》(*Earthworks and Beyond: Contemporary Art in the landscape*) 是以1977为赫什霍恩博物馆(Hirshhorn Museum)而举办的展览会为基础的论著。紧接其后出版的书刊和举办的展览从各个角度检验了公共环境艺术。他举办的黑人和西班牙民间艺术在全国各地的博物馆进行展出。他研究环境艺术，包括自学成才的艺术家和民间艺术家的雕塑和建筑作品，这一研究成了他的新书《启示花园》(*Gardens of Revelations*)的主题。他还先后在弗吉尼亚大学、宾夕法尼亚大学的风景园林系和哈佛大学设计研究生院任教。

詹姆斯·科纳 (James Corner) 是宾夕法尼亚美术研究生院风景园林和区域规划副教授。他最近的两本新书《衡量美国园林》(*Taking Measures Across the American Landscape*)和《园林回归：当代园林理论课题》(*The Recovery of Landscape: Contemporary Topics in Landscape Architectural Theory*) 分别由耶鲁大学出版社和美国建筑学会出版。他还在 *Landscape Architecture*、*Landscape Design*、*Word and Image*、 *AA Files* 和 *VIA* 等杂志上发表了多篇文章。科纳在美国和欧洲许多地方讲学，在挪威大学任客座教授并于1993年在哈佛大学任 Daniel Urban Kiley Lecturer。他在 Offices of Robert Fleming and Associates、Wallace Roberts and Todd 以及 Gillespie and Partners 等任专职。他是第一位因杰出的教学工作和教学法革新而在宾夕法尼亚大学美术研究生院获得 George Holmes Perkins Award 的学者，并于最近被任命为芝加哥的伊利诺伊大学建筑学院园林和城市规划专业的第一位 Jens Jensen Professor。

弗雷德理克·克里斯托夫·吉罗(Frederic Christophe Girot) 在伯克利的加利福尼亚大学取得建筑学和风景园林学硕士学位。目前在巴黎开业，在凡尔赛高等园林学校(Ecole Nationale Supérieure du Paysage)任园林设计系主任。他经常在欧洲各地讲学，并在哥本哈根皇家美术学院、阿姆斯特丹范鲍孔斯特学院(Academy Van Bouwkunst)、哈佛设计研究生院、柏林科技大学和莫斯科建筑学院等任特邀评论员。最近，吉罗在柏林、Pierrelaye 和巴黎等地设计了多处公园和园林。

道格拉斯·霍利斯(Douglas Hollis) 是位艺术家。他的工作对象是自然现象，包括风、水和声音，目的在于“创造一种绿洲似的场所供人们休憩和舒缓精神”。他在美国各地和国外进行过多项公共建设工程，并同众多著名的艺术家、建筑师和园林师进行过合作。他在哈佛设计研究生院、弗吉尼亚大学和加州大学圣迪亚哥分校教过一些很特别的设计课。他经常在各种公开论坛上就公共艺术和跨学科合作问题发表演说，并在旧金山探索委员会和海德兰艺术中心(Headlands Center for the Arts)服务。他的作品包括西雅图的“声园”(A Sound Garden)、旧金山的“雨柱”(Rain Column)和北卡罗来纳州罗利(Raleigh)的“听力容器”(Listening Vessels)。

里卡多·莱戈雷塔(Ricardo Legorreta) 辉煌的建筑事业长达40年。他在墨西哥国立大学学习建筑，并为何塞·维利亚格兰（José Villagran)工作，后来于1955年成了合伙人。1963年他成立了自己的事务所——莱戈雷塔建筑师事务所。他在世界各地完成了多项建筑工程项目，包括在美国建成的许多图书馆和公共机构建筑。他被邀参加了多项具有历史意义的国际工程项目的竞赛。他是普里策奖评审委员会委员。

迈克尔·曼瓦林（Michael Manwaring)是杰出的环境平面造型设计师之一。他把传统的平面造型设计与构成人造环境的实物结合起来。他帮助将环境平面造型提升为一门重要的新学科。曼瓦林早期参加的各种展出和标志系统设计使得他有机会参加旧金山市组建的艺术委员会的解释环境平面造型计划，包括沿旧金山海岸线修建的安巴卡得罗滨海步道（Embarcadero Promenade）的诗歌、文化和自然史。他创办的迈克尔·曼瓦林事务所在市民和公共场所建设方面的工作为环境平面造型奠定了一个新标准。他的作品在旧金山现代艺术博物馆举办的首届平面造型设计展览会上专栏介绍，占据了显著的地位。他是加利福尼亚艺术和工艺学院的副教授，并获得了该院授予的优秀教师奖。

伊丽莎白·K·梅尔（Elizabeth K. Meyer)是弗吉尼亚大学副教授，在该校任风景园林系研究生部主任，教授现代园林实践和理论及其课程设计，曾在哈佛大学任教。她的专业经历包括同迈克尔·韦尔加松及合伙人事务所（Michael Vergason and Associates）、汉纳/奥林设计事务所(Hanna/Olin)、易道公司(EDAW)等的合作关系。目前她正在著述《现代性的边缘》(*The Margins of Modernity*)一书。

玛丽·密斯（Mary Miss）从20世纪70年代以来一直是重新界定公共场所雕塑的领袖。她强调了对公共艺术的观察应从纪念物转到景观环境各方面和对场地的重要性上，她来自建筑学的观点看法在此问题上起了作用。1987年她完成了纽约州巴特利公园城（Battery Park City)的南湾建设。目前她在从事纽约城第14街联合广场地铁车站和洛杉矶La Brea Tar Pit site的修复更新工作。她最近完成了格林伍德池双遗址（Greenwood Pond Double Site)的修建工作，该遗址位于得梅因艺术中心(Des Moines Art Center)周围的爱荷华州得梅因示范沼泽地，她的作品成为哈佛大学福格艺术博物馆、加利福尼亚州圣迪亚哥艺术博物馆及纽约市现代艺术博物馆和古根海姆博物馆等的永久收藏品。

劳里·奥林(Laurie Olin)在西雅图、纽约和伦敦的建筑和园林事务所工作过。后来在费城创办了自己的奥林合伙人设计公司，为国际闻名的贝·考伯·弗里德及合伙人事务所、埃森曼建筑师事务所、SOM事务所以及弗兰克·盖里和HHP事务所(Hardy Holzman Pfeiffer)等做过园林设计与规划咨询和顾问工作。他曾在宾夕法尼亚大学的风景园林和区域规划系任教，在哈佛大学设计研究生院风景园林系任系主任，目前是宾夕法尼亚大学美术研究生院的副教授。他是约翰·西蒙·古根海姆名誉理事和罗马的美国研究院成员。

阿代勒·诺代·桑托斯(Adèle Naudé Santos）是一名建筑师和城市设计师，相信建筑必须超越实用功能，必须对社会以及建筑文脉负责。她的全部规划设计，特别是廉价住宅设计都体现了这种信念。她是加州大学圣迪亚哥分校新建筑学院的首任院长，而目前是加州大学伯克利分校的一名教授。她还曾在哈佛大学、赖斯大学和宾夕法尼亚大学的研究生院任教授，从1981至1987年任宾夕法尼亚大学建筑系主任。她的作品包括旧金山的芳草地公园(Yerba Buena Gardens）的儿童中心以及在洛杉矶和日本北九州兴建的住宅工程。

玛莎·施瓦兹（Martha Schwartz）把自己的艺术和风景园林背景结合起来，追求把园林设计提升到艺术的高度。她的马萨诸塞州剑桥中心的作品获得各种设计奖项、在众多书刊中和艺术展览会上一再得到广泛的赞许。她是哈佛大学设计研究生院的风景园林副教授，并曾任女子学院(Radcliffe College)和罗马的美国研究院的访问学者，经常在国内外进行讲学，深受听众的欢迎。

马克·垂帕(Marc Treib)在加州大学伯克利分校任建筑学教授近20年，讲授建筑、园林和平面造型设计并就这些方面进行论著。他的著作有《京都庭园指南》(*A Guide to the Gardens of Kyoto*)、《现代园林评论》(*Modern Landscape Architecture, A Critical Review*)、《西班牙新墨西哥圣所》(*Sanctuaries of Spanish New Mexico*)、《威廉·沃斯特宅第》(*The Houses of William Wurster*)、《美国不同地区的庭园》(*The Regional Gardens of the United States*)和《盖瑞特·埃克博:现代生活园林》(*Garrett Eckbo: Modern Landscapes for Living*)。

德国柏林病残者公园

法国巴黎六阿邪公园

园林设计师克里斯托夫·吉罗　　法国巴黎六阿邪公园

法国巴黎莱洛·让娜庭园

道格拉斯·霍利斯和查尔斯·法伦

华盛顿 Townsend 港潮汐公园

加州索诺玛某私宅

迈克·曼瓦林事务所

加州旧金山安巴卡得罗步行道

玛丽·密斯

爱荷华得梅因格林伍德池塘：双场地

纽约州纽约市小罗伯特·F·瓦格纳公园

奥林事务所

西班牙巴塞罗那奥林匹克村

阿代勒·诺代·桑托斯事务所与雅各布/韦柏建筑师

宾夕法尼亚州瑞丁奥尔布赖特学院艺术中心

佛罗里达州迈阿密市声墙

玛莎·施瓦兹有限公司

新泽西州戴尔市里特曼婚礼

18 **第一届园林设计论坛回顾**
Reflections on the First Designed Landscape Forum

伊丽莎白·K·梅尔
Elizabeth K. Meyer

“艺术作品是由物质构成的，而思想体系则给物质以生命，犹如人是由灵魂赋予肉体生命一样。评论最高的使命是揭示给予一件作品或一套作品生命的思想。”
阿瑟·丹托《艺术的状况》
(Arthur Danto, *The State of the Art*)

我们是在评论的文化中成长为设计师的。这种评论是与个人批评、小组和公开评论方式进行的设计讨论为基础的课程体系无法分开的。虽然讲课和示范也是一种教育方式，如园林历史、工程，或具体的制图和模型技术，但是一名园林设计师的主要教育来自实践以及听取对自己或别人作品的评论。无论是艺术家、建筑师或园林设计师，评论都是跨入我们这个学科的一种基本的教导灌输方式。导师通过评论把学生引进一个描述性的世界，建构学科的范围，阐明设计的过程并制定评估的标准。

评论家通过把“园林设计实体”再构思为“园林设计作品”，帮助读者或参观者理解。园林设计实体是它的创作者完成的整体，并由她/他把它作为一个整体全面地描述。评论家通过解释以及对作品内容和文脉的详细阐明扩展了园林设计实体的领域。她不但在设计师的设计与建成作品的完整形式和空间中发现意义，而且还在这些标记与文脉之间的关系发现意义。评论家对文脉进行定义有3种方式：设计师作品的实质内容和意义；该领域（例如风景园林、建筑、雕塑、戏剧）的传统；当时的文化环境。

把园林溶入到背景之中，园林便从一个独立存在的设计实物转变成与周围世界紧密结合的和谐结构。这个“物”便成了整个环境的一部分，一丝一缕，通过与环境的联系阐明自己。作为物体的园林便成了环境中的园林：即场所。以阿瑟·丹托的话说，评论家“揭示了给予作品生命的思想”。

作为一名园林设计评论家，而不是绘画、室内建筑或文学评论家，我感兴趣的是工程的场所，而不是画布、基础或书页。此园林在何处？与它毗连的有些什么东西？在此场地上原来有什么？设计者把现存的景观毁掉了多少，保存利用了多少？设计师是如何处理该场地中自己原先设计中没有遇到过的情况的？作为园林设计评论家，我还对项目的时间感兴趣。随着时间的推移，园林项目将产生什么样的变化？它将如何记录一天又一天、一季又一季、一年又一年的变化？该园林将如何反应和折射它那个时代更广泛的社会形势——对自然的、城市和郊区的、公共和私人的、主观性等的不断变化的思想？设计者对于自己所处时代的立场是如何在绘图、图解、拼贴和模型等方面影响他们探索和表现项目的方式的？

由于我是把园林放到同它的时间和场所的结构关系上来观察它的，并通过这种方法把它同其他学科区分开，因而评论工作就不能止步于仅仅去熟悉那些能够得到的园林项目出版文献。现在的专业期刊收集编辑的文献没有多少能超越园林设计实物的范围，实际上，大多数只能编辑一些园景或小品。在园林书刊中很难看到表现平面、剖面、轴测和系列透视图的图片。建筑期刊上常用来说明工程技术的详细剖面和轴测图归类到专业（技术）栏，被认为与设计无关。比35毫米照片更接近人视角的全景照片很少见。至于工程之前现场或周边环境的照片则被锁进公司地下室的无人问津的档案柜里。

情况既然如此，评论家如何工作呢？挖出这些文献，到工地现场去。如果这样缓慢审慎的做法不可能呢？正如对本书刊出作品的评论一样，只能采取谦逊、试探和模棱两可的手段。

1996年11月在旧金山召开园林设计论坛期间，我参加了4个小组之一，对在旧金山现代艺术博物馆公开讨论的设计项目进行评审与评论。星期五这一天进行项目评审和挑选。成员小组包括旧金山的环境平面设计师曼瓦林、巴黎来的建筑师和园林设计师吉罗和我，来自弗吉尼亚州夏洛茨维尔的园林设计师梅尔。我们3人都是设计师和教育工作者。星期六我们一起参加墨西哥建筑师莱戈雷塔专题报告会。

我不想以评论员的身份代表小组说话，但我却可以证明我们如此迅速草率地审阅200多个设计项目时心里感到的忧虑和不安。过快的速度很容易在下一次论坛的日程安排上被改正，但是，没有所呈报设计项目的设计师的合作，粗略草率的现象实难纠正。

呈报项目的说明很少包括设计意图。大部分的说明都枯燥无味，可能是为办公室介绍情况或市场目的而写的小册子。几乎看不到有什么关系到园林、关于我们这代人为给自然和文化、生态和艺术下定义的反复争论，所能看到的只是对于正式和非正式、硬质景观和软质景观的贫乏文字描绘。最终，我们只好放弃这些文字说明，坐到幻灯片前去寻找内容和"发明创造"。

我转述评阅过程中这一鲜为人知的细节以强调我们是如何找到了第二天向讨论会提出的几个设计项目的。我们不讨论当今主要关心的东西和潮流倾向，也不去寻找那些显示这种关心的作品。相反，我们发现了打动我们的作品，并试图找到一种向人们描述的办法。尽管在反映当代园林最新动态方面还不够综合与广泛，这种方法最终形成了一个粗略的设计分类。我们既选择了熟悉的作品，也选择了陌生的作品，增加了我们对当今园林行业和园林创造者的理解。

里程碑和基准尺

在审阅的80余个工程项目中，我们发现了3个园林形式和空间体现了设计意图的典范。第一个是南海湾项目。这项工程由Susan Child在玛丽·密斯和Stan Eckstut的协助下完成，在园林设计论坛的参加者中享有盛名。南海湾是纽约巴特利公园城哈德逊河滨广场的一部分，它与河相邻，无固定形状，不断变化。由于多层的扶壁、栏杆和人行道而产生了一种空间感。木板铺成的海滨步道代替了巴特利公园城初期沥青铺就的人行道。分散布置的卵石和起伏的罗莎玫瑰树篱沿着木板步道较高的地段延伸，使人想起了这一地区城市建成以前的历史。在小海湾的南端，一个由开放结构覆盖顶部的金属楼梯通向俯瞰木板步道和远处港湾的平台，木板步道呈螺旋线伸向水面，暴露出海滨步道下的结构梁悬臂般地伸出河面。看似坚实地面的步道实际上只有一层薄薄的结构层。

此项目不仅是对市区总体规划的补充，同时也是对巴特利公园城早期文脉主义形式的评论。它标志着20世纪80年代的一个时刻。在这一时刻，园林作为文脉的思想得到了扩大，不仅把视觉现实或普通历史主义的某种形式包括进去，同时园林作为记忆手段，即作为保存记忆片段宝库的思想也得到探索并最终确立。该设计运用了一种手法：即首先展现那些部分已被遗忘的不完整的记忆，然后让叙述充分地敞开，接受各种各样的记录和解释，鼓励那些沿滨海步道漫步的人们积极参与，合作范围因此扩大到了公众。

与此同时，在德克萨斯州出现了一种完全不同类型的设计合作。包括设计师彼得·沃克及其合伙人和两家建筑公司：莱戈雷塔建筑师事务所（Legorreta Arquitectos）和米切尔/朱尔戈拉事务所(Mitchell/Giurgola)在内的设计小组，为IBM公司办公园区制定出了包括零售和娱乐在内的总体规划。该园区设计是沃克公司追求"无墙的极简主义庭园"的第一个成熟作品。从总体规划到每一幢建筑布置和每一块场地安排、庭院和喷泉的细部设计、停车场地的设置，序列性和统一性这些形式原则与手法在规划设计的每一个阶段都得到很好的贯彻与应用。这些因地制宜的做法把办公楼环境那种千篇一律的功能需求同创造优美的空间环境和外形衔接得浑然一体，使我们这些理解要在这么多的层次实现设计意图有多么困难的人确实感到震惊。

这三项工程的最后一项，即施瓦兹、史密斯(Smith)和梅尔(Meyer)设计的约克维尔公园(Yorkville Park)，最近刊登在美国《风景园林》(*Landscape Architecture*)杂志的封面上。因此，尽管它建成不久，却已远近闻名。该项目在许多方面都很杰出，特别是设计小组的构思给人留下了深刻印象。他们决定创造一个具有园林尺度的珍品盒，一个加拿大园林实验艺术品陈列室，从邻近的联立房屋和城市街区得来几何图形和空间格律。设计师们没有通过微型化去轻视自然，或是模仿自然的表面而不是自然的尺度或系统，他们识别出显著突出的物质材料和空间，而特别重要的是识别出与各种不同类型的加拿大园林有关联的现象，并在城市的小棚屋中捕捉这些现象，就像集邮者在填集邮簿和植物学家填植物标本室一样。城市的自然的概念是通过园林设计定义并显示出来的。具有清澈、克制、匀称格律的空间和充满有形的、物质的和短暂特点的可感知的场所共存，互相补充并使周邻更加丰富。

这三项设计使我们想起了20世纪80年代的实践和成就，当我们评论其他设计时，它们为我们树立了基准和里程碑。

令人意想不到的园林

想到园林时，人们想像的空间形象比建筑和艺术设计的要大。然而吸引我们注意的3个项目则把它们的能力集中在极小的规模范围内，在薄薄的土地表面上。Jeanine Centuori和Karen Bermann的非裔美国人墓园赢得了最近一次竞赛的胜利。它是为了纪念在一项国家工程项目建设中发现的一处墓地而兴建的。Centuori和Bermann附有计算机修改的照片的方案，把环绕这一建筑物的人行道改为具有纪念意义的地面。这些联结人间与地下的普通地表面很适合作纪念之用。窨井盖上镌刻了关于这一场地历史的文字，从而勾起人们的记忆。建筑物至路缘的空间改成由日常生活用品如盘子、碟子、碗、缸等的碎片拼合成的镶嵌图案。这些碎片是纽约市民送到工地上来的。

这种用家庭日用品装饰坟墓的风俗在非洲非常普遍，它是由17、18世纪被抓到美国当奴隶的非洲人从大西洋彼岸带来的。这些日常用品标示出来的圣地是一种心灵交流的通道，是生和死的边界。Centuori和Bermann恢复了这种做法，把它用到城市环境的群体规模之中。刻在城市人行道表面上令人意想不到的文字和图案使过去和现在、可见的和不可见的、有名的和无名的、多数的和少数的既联系又分开。

Rob Weller及其同伴们在设计德国标准研究院的前庭院时把

智慧和出其不意结合起来。幸好有吉罗参加我们的评审团，我们才得以破译那块暗色水平石板的含义。石板有一个停车位大小，在一层薄薄的流水下现出一批散乱的文字。石板的平面完全遵照德国标准研究院的控制标准，按一张规范标准纸的比例设计而成。这所研究院就是为许多人工制品设定规范的。研究院的工作人员忙于为更多的产品及其生产过程制定规章进行控制时，他们可以注视办公室外的石景表面，其设计初看起来似乎同他们追求秩序和精确的愿望是一致的。从这特殊的位置，人们可以看到在一层薄薄的流水下面有一块长方形的石板，上面满是字母，但是却构不成文字，乱七八糟，一片混乱。全世界所有的规章制度都无法理清写在这标准页面上的思想。没有人类的建筑或设计来介入，赋予它价值和思想的话，这一石景表面就毫无意义了。这一物体正是通过对周围环境的承认和令人意想不到的评论而成为作品。

母亲运河是 1995 年秋季的一天在洛杉矶河涵洞里演出的节目。这次演出处于两条有规律的流——河流和移民流——的交汇点，为这一被忽视了的自然和文化空间创造了一个“叙述的交织体”(narrative mosaic)。那天晚上的演出灯火灿烂，主题鲜明突出，运河变成了辉煌壮观的场所。作品的力量在于通过舞蹈的编排把灯光、音乐和动作结合在一起，同时又把文本投射到对于城市生活是必不可少的，却通常不为人所见的地表面上，突出宣扬了一个场所的特质和作用，这个作品之所以是短暂的，从未被重复过，其部分原因是其勾起了人们的惨痛辛酸之感。一次一闪而过的事件绕在人们的记忆里，久久不能排遣，在环境中也留下余音，看不见但却是实实在在的。像非裔美国人墓园一样，母亲运河使一个普普通通的空间成了非凡之地。

所有这些项目都需要人们的参与来阐释它们，显示它们。这些项目藐视客观性，陶醉于公共场所各种展示的可能性之中。

精心构成的场地

园林设计常常是集体努力的产物，最佳效果是建成一处无法以学科或行业来分类的地方。它仅仅成为一个值得纪念的场所，不是一座建筑或一片场地。有两所博物馆和一所研究院正是如此。尽管受到各自项目和地段的限制，它们都包含概念设计阶段。肯尼思·弗兰普顿和卡罗尔·伯恩斯等设计理论家称之为“构成的场所”(the constructed site)。在选址、设计和建筑过程中，每个项目都精心布置平面，处理好内与外、建筑与园林的关系。最终无论是平面本身还是地、墙和顶之间的空间都产生了极具雕塑感的造型。

BOORA 建筑事务所设计的华盛顿州斯波坎市臣尼·考勒氏博物馆(Cheney Cowles Museum)用这种手法创造了一组建筑群，摒弃了将建筑视为空间中的物体的思想。从地质隐喻着手构思与描述，这座博物馆本身似乎就像从地里长出来一样，成为可居住的大地艺术。在楚胡阿胡阿(Chuhuahua)Mario Schjetnan 的北方文化博物馆(Museo de Ias Culturas del Norte)，可居住的地景艺术是对非凡的普韦布洛古文化遗址的响应。既需要一所博物馆来解释展品，又担心建筑会影响那荒凉的谷地，博物馆便建在地下 5 英尺（1 英尺=0.3048 米）处。博物馆入口坡道斜入地里。博物馆中的院落空间让阳光和空气进入建筑群之中。最迷人的房间可能就是正厅的陈列室，在那里展示着装在玻璃柜里的周围土层。这些玻璃柜还发挥了天窗的作用，使阳光从上方透射进来。光亮和黑暗、空气和土壤通过那晶莹清澈的棱柱交融混合，勾起人们对地上和地下的外部世界、掩埋着的和已发掘出来的以往世界的记忆。Robert Smithson 一定会珍视赏识这样的空间。通过装箱和说明，土壤成了保存、显示和记忆的媒介。

随着 Todd Williams 和 Billie Tsien 越来越被推崇为他们一代人中最具才华的建筑师，拉霍亚的神经科学研究所（The Neurosciences Institute in La Jolla)受到了广泛的宣传。对他们的作品的影响可以追溯到勒·柯布西埃的屋顶花园和野口勇的庭院。但是仅仅这些影响还不足以保证优美的园林与建筑室内空间的完美结合。只要到弗吉尼亚大学赫里福德学院(Hereford College)去看看 Williams 和 Tsien 最新的建筑群和场地综合体，人们就能够领会到合作者园林设计师 William Burton 对拉霍亚工程所做的贡献。那里的居住楼之间的空间不论是尺度和比例都很别扭，土方工程与场地平整也很粗糙，而在神经科学研究所却以其抽象及工艺的精湛而达到崇高的境地。

这 3 项工程精心构筑了场地，而不是仅仅把建筑作为物体来布置。他们创造了值得纪念的场所，而不仅仅就建筑而建筑或就园林而园林。他们的作品是场地个性化的杰作。

园林工艺

还有两个项目，即 Robert Murase 在俄勒冈州波特兰市建造的柯林斯环交通岛(Collins Circle)和 Janice Hall 在康涅狄格州西南的低语的小溪(Murmuring Flow)，一项在城里，一项在居住区中，而两者都坚实耐久。它们都是深思熟虑设计和精心施工的产物，细致的做工和想像力给我们留下深刻印象。Murase 以废弃的交通圆岛柯林斯作为雕塑的场地。他用石块建造了这个圆岛，把这无形的空间变成了一个浑厚坚实的主体，自然地成为邻近地段的主要方向标识物。能经受恶劣气候条件的一小片漆树丛枝干粗壮，根系舒展，与石块紧密铺就但未曾用砂浆砌合的干砌厚重的石地面相映成趣。

第二个设计比第一个更加具有超现实色彩。当我们看着幻灯片时，我们相信放映箱一定错乱了。那座佐治亚家屋花园里的干砌石溪做什么用呢？它从哪里来？往哪里去？它弯弯曲曲、七回八旋地流淌了 300 英尺，穿过花园，沿着一堵墙壁流到一个露台前，吸引那些站在窗户边向外眺望的人的眼光。一个出乎意料的成功，一个似乎太图解化、太纯真、太卡通式的概念，该项目是设计师对尺度、细部和位置的关注的结果。它既是一个令人震撼的大地艺术品，也是一座怪异的庭园。

今天，到处充斥着幻灯机，播放着应客户的要求仓促建成的园林，客户与设计师心里想的只是短期的回报，在这样的环境下，上述两个项目就表现出了与众不同的品质。尽管认识到我们所处的这种后现代主义文化——一种外观景象文化，我们仍高兴地发现了几项为了长久保存，也值得长久保存的工程设计项目。他们赋予场地一种存在性，一种具有物质美同时亦能激发人们与地区联想的形体，也因此而赋予一个普普通通的场地以纪念意义。

教学示范园林

由于园林设计论坛的布告海报邀请了各种行业类型的人提供作品，包括平面造型设计师、摄影师、建筑师和园林设计师。我们觉得有必要仔细地审视的不是传统的已建成的园林，而是一些纸上作品、临时作品、参照作品(referential works)和授权作品(empowering works)。为什么呢？为了让公众和专业人士在认识了解园林时，更容易认同接受园林并不仅仅就只有美，我们还需要不同类型的园林设计作品。展览、出版物、再造、再阐释、协商和合作等都是我们需要的。

4个项目典型地说明了如何使园林设计更容易被公众所理解的各种技巧和办法。Duke Reiter的波士顿港群岛短期展览为这些群岛的城市困境提供了一种空间解释。这些群岛看得清清楚楚但却难以达到，在波士顿人的群体意识中激发出层层的浪漫主义想像。与此成为对比，Reiter的展览则强调港湾的群岛与这一大都市重要的文化与地理联系。由于最近国家公园管理处对这些岛屿进行的探索和解释，这些岛屿像Reiter塑造的那些一样，也成了博物馆的展品。当这些岛屿为人们所管理和改造时，它们对于波士顿市民的文化想像力会起什么作用呢？这些展品极好地例证了艺术作品能够如何起到激发公众教育的工具作用，并深入到一定的深度和细微程度，而文字的评论是做不到这一点的。

Dean Cardasis的塑料公园又代表了同样神秘，令人费解的园林，虽然它在风景园林行业之外不那么闻名。该项目尽管建于20世纪90年代，看起来却像是个性独特的现代主义者詹姆斯·罗斯设计的模数式庭园的重建。

莎拉·万斯(Sarah Vance)为空间营造者出版社前几本书刊所做的装帧设计为园林作品出版物带来了某种程度的视觉认同，这种认同通常是建筑和艺术特有的。大开本的彩色照片很容易使读者沉浸于其中，而书刊中的线图和小插图则有助于在思想上对整体的理解。既能想像场所的特点又能想像场地规划的空间结构的能力是理解园林作品的关键。我期待着能够看到更多万斯设计的书刊，并希望她能创造出精心考虑的包含线图和周围环境平面的版式。

最后，Walter Hood细心编制的拉斐特广场(Lafayette Square)施工过程的文献资料，使我们对教育性园林的概念扩大到包括项目的设计阶段。当他在具有社区参与传统的伯克利加利福尼亚大学工作时，他没有把这种公众参与与设计等同起来。相反，通过对自己和社区公众进行一个场所的集体回忆教育，他取得了对该项目重要意义的共识。有了这一共识，Hood为公共场所的设计师创造出一片的确代表市民最高意志的场所，而不是仅仅提供那最低的共同命名。几十年来，公众工作还从未如此充满希望和大有作为。

这些项目使得吉罗、莱戈雷塔、曼瓦林和我得以对20世纪最后10年的景观园林有个粗略与概要的印象。最后四分之一世纪里渗透在设计界和艺术界的兴趣和关注在一批重要的园林设计中也显现了出来，这是对自然发展过程和生态文化的关怀，是对园林文化和历史内涵以及生态结构的承认，是把园林与景观看做是一种可在其上标记、再标记并书写的文本的愿望，是园林与建筑和艺术共享(并可跨越的)边界的再发现，是对园林技艺和概念的承诺和支持！

下届园林设计论坛展望

本届论坛收获丰盛，然而我在11月离开时仍感到意犹未尽。因为这些令人振奋的研究园林的新方法已经渗透到设计实践之中并改变其方向，我渴望有更多的从业者来探求时代向我们提出的挑战。书店、图书馆和剧场为我们提供了透镜，使我们观察到20世纪晚期我们所生活并通过我们日常礼节和常规所形成的景观园林是一个充满争议的领域。城市学家现在承认农业保护区是保持城市活力的关键。城市的蔓延不论是对城市还是对农村都是破坏性的。文化评论家们对城市周边地带的千篇一律、枯燥乏味提出了批评，并拿出那令人怀旧的前州际社区作为矫正手段。其他的人则沉醉于郊区无场所性和本地经济文化全球化的包容性之中。哲学界、文学界、艺术史界和文化地理学界的学者和活动家则对园林、自然、荒野地在我们的文化中所起的作用深信不疑。《纽约时报》宣称生态评论已经在学术殿堂里取代了文化研究和解构。

自然的意义、价值和观念随着日常生活方式改变而进化发展，例如解决了远近联系的交通技术、对人类侵扰自身居住生活环境能力认识以及对人类能逃离文明而无视离人类聚居地有多高、多深和多远的怀疑等等。对我们工作的形式、表面和空间中出现的许多冲突争论，风景园林师和设计师们难道不应该设法去作出解释吗？

当今构思的许多园林设计由于我们很少参与上述那种智力的、文化的和科学的辩论而遭受损失。风景园林设计师并不因缺少想像、才能、技巧或机会而受到限制。我们受到限制是因为我们总是用(正式的和非正式的，硬质景观和软质景观，人造的和自然的等)陈词滥调构思我们的作品，而不是投身到我们时代的紧张热烈的氛围之中。我们受到限制还因为我们运用最具公共表现能力的绘图技巧来构思与表现我们的作品，而且十分可笑地依靠一种恰恰是破坏我们力图保护的环境的媒介。没有理由只使用在汇报时使场地规划明白易懂的单一方法来设计与作图。与表现手段相比，我们为什么不去多看看作为设计手段的模型和透视图呢？

30年前劳伦斯·哈尔普林说我们设计静止固定的空间，因为我们懂得如何来画它们。他的话现在还是对的。我们应当接受他的挑战，研究出不但能表示结构也能表现过程，不但能表现空间也能表现流动、变化和时间的方法。作为评论家，我们不仅希望让读者了解这种窘境，还希望参与到实践的重新调整工作之中去。

对于表现我们的文化与地球之间的复杂关系，对于将我们自身置于具体的可感知的现在，又要想像出一些向别人展现的社会场所，景观园林是一种特别适合的挑战形式。正是这种形式不断地激励我们、感动我们，迫使我们不但要进行设计、教育并写作有关这个世界的方方面面，而且还要生活于其中。这种生活经历的深度有赖于我们更多地揭示和了解以上所列的园林作品。我们欢迎这些碰撞及其激发的幻想。它们把我们紧紧地联结在这个世界上，联结在它的思想结构上，同时又阐明我们这一学科的界限和触及的范围。

CYMIE PAYNE

瑞奇蒙德住宅
Richmond, Massachusetts
Child Associates

家族墓地场所
Troy, Ohio
Child Associates

海滨广场中的大厦
Cambridge, Massachusetts
Child Associates

欧克斯拱
Portland, Oregon. Lee Kelly with
Mitchell Nelson Welborn Reimann

Pukinmäki 麦当劳餐厅
Helsinki, Finland
Jerry Coburn, Penna Saarikoski

CHRIS JACOBSON

蓝色入口花园
Saratoga, California
Chris Jacobson

ALEX S. MAC LEAN

住区
Boxford, Massachusetts
Charlotte Present

春分、秋分
McHenry County, Illinois
George Voegel

寻求理解
Palatine, Illinois
George Voegel

四要素花园
San Francisco, California
Chip Sullivan

ROBERT HEWITT

城市中心观察室
San Francisco, California
Chip Sullivan

旅行公园旅馆
Nairobe, Kenya
Belt Collins

杜弗公园
Amherst, Massachusetts
Dean Cardasis and Associates

车库花园
Amherst, Massachusetts
Joseph Volpe Associates

布鲁克的庭园
Jason Christopher

利克(Rique)规划
Angra dos Reis, Rio de Janeiro, Brasil
Frederick L. Gregory, Roberto Goncalvez

CHRIS JACOBSON

对疾病、火灾、鹿群和旱灾的抵抗
Chris Jacobson

MARY BACHMAN

白漆钢制椅
San Francisco, California
Nancy Owens

BEN BLACKWELL

流浪者
San Francisco, California
Nancy Owens

石门娱乐中心入口
Scottsdale, Arizona
Paradigm Affiliates

青蛙和舞会
Charleston, South Carolina
Design Works

奥林斯港和迪克西码头安静区
Walt Disney World, Florida
RTKL

MAXWELL MAC KENZIE

雷斯顿(Reston)市镇中心
Reston, Virginia
RTKL

双峰设计
San Francisco, California
John Denning, Brigitte Micmacker

LEF 基金会
Napa Valley, California
Lutsko Associates

反景观
Ruey Y. Chen

SIMO NERI

IBM 阿玛丹研究实验室
San Jose, California
The SWA Group

TOM FOX

硅形海岸线入口场地
California
The SWA Group

培根·马特斯住宅
Traverse City, Michigan
Jeffrey Inaba, Apisek Wongvasu, Tim Archambault

纸莎草纸图书馆
Ron Wigginton Land Studio

联合银行大楼星状水槽
La Jolla, California
Ron Wigginton Land Studio

LAND STUDIO

拉瑟福德广场
Rutherford, California
Ron Wigginton Land Studio

THORNEY LIEBERMAN

人造篱笆
Denver International Airport
Sherry Wiggins, Buster Simpson, Jim Logan

RICHARD MC PHERSON

作为艺术的水池
Mill Valley, California
Raikes Landscape Company

S. L. 霍斯福德及公司的综合购物建筑
St. Kitts, West Indies
Eustace Hobson Associates

A 码头临时广场
New York City, New York
Ken Smith

居住社区
Potrero Heights, California
Jeffrey Miller

Moonen–Addis 设计
Berkeley, California
Jeffrey Miller

BRADLEY MEINZ

威斯康星工人纪念馆
Milwaukee, Wisconsin
Terese Agnew, Mary Zebell

长发教授广场
New Orleans, Louisiana
David Tureau

GERRY CAMPBELL

盖尼牧场的凯悦宾馆环境
Scottsdale, Arizona
The SWA Group

TOM FOX

英特尔公司
Santa Clara, California
The SWA Group

TOM FOX

罗纳德·里根总统图书馆
Ventura County, California
The SWA Group

麦特兰顶端的树林
Orlando, Florida
Dix Nance, Inc.

罗斯码头
Chattanooga, Tennessee
EDAW

运河城市博多
Fukuoka, Japan
EDAW

DIXI CARRILLO

露台的连续性养护设施
Los Gatos, California
EDAW

DIXI CARRILLO

约翰斯顿住宅——
阳光下充满柠檬味的日子
April Philips

爱滋病纪念馆
Key West, Florida
Karen Bermann, Jeanine Centuori, with
Russell Rock and Phil Appleton

云之园停车场
Toronto, Canada
Baird Sampson

音响草坪与公园示范区
Seattle, Washington
Kathleen Wadden, Ecos Atelier

MARY FITZGERALD

声响游乐场
South Bronx, New York
Bill and Mary Buchen

绿色大地
Trenton, New Jersey
Athena Tacha

道格拉斯斯巴克公园
Houston, Texas
Office of Alan Berger

ALAN BERGER

露丝·W·戴维斯城市公园
Sasaki Associates

巴贝尔斯堡媒体城
Babelsberg, Germany
Sasaki Associates

融合
西校区示例
Cleveland, Ohio
Athena Tacha

Bet Gabriel 公园
Sea of Galilee, Israel
Ulrik Plesner, Dan Wajnman

非洲庭园
Brooklyn, New York
Alice Adams

曲线水池
Philadelphia, Pennsylvania
Alice Adams

东河滨散步广场
New York City
Thomas Balsley Associates

喀土穆
Mary Henry

MALCOLM COCHRAN

玉米地
Dublin, Ohio
Malcolm Cochran

无题
Hussein Gamaan

巴尔的摩华盛顿机场景观美化
Anne Arundel County, Maryland
Graham Landscape Architecture

© LORENC DESIGN

罗丹雕塑品“形体”的乔迁
Atlanta, Georgia
Lorenc Design

© LORENC DESIGN

“阳光、风和水”雕塑
Meridian Business Campus
Fort Lauderdale, Florida
Lorenc Design

© LORENC DESIGN

“飞翔”雕塑
Birmingham, Alabama Airport
Lorenc Design

田纳西200周年州府林阴大道
Nashville, Tennesee
Tuck Hinton Architects

BRYAN TAYLOR

玛和帕历史遗迹廊道
Hartford County, Maryland
Katherine Aldrich Adams

桥
Redwood Valley, California
Skip Gibbs, Katie Gibbs-Gengoux

泰勒公园历史性沿河步道
Newport, Kentucky
Meyers Schmalenberger Meisner

© YOJI SASAKI

基町交流广场
Hiroshima, Japan
Yoji Sasaki, Ohtori Consultants

© YOJI SASAKI

吹田市车站广场
Suita City, Japan
Yoji Sasaki, Ohtori Consultants

独日公园
Colorado State University
Fort Collins, Colorado
Abbey Wilson, Andrea Cummins

希望中的树
Portland, Oregon
Fernanda D'Agostino

DIXI CARRILLO

可视景观
Dixi Carrillo

选择的想像
Colorado State University
Fort Collins, Colorado
Shannon Bretthorst, Marcel Wilson

再组合的意象
Robert Silance
RSCT Architecture and Design

梦幻步行桥
Phoenix, Arizona
Vicki Scuri Siteworks

无题
San Francisco, California
Delaney & Cochran

泄密
Adelaide, Australia
Mark Robbins

美逊堡庭园展示
San Francisco, California
Jill Gropp, Akiko Iishi

开始
Ruth Rodman

哥本哈根夏日景观
Sung-Ja Cho

景观雕塑花园 #1
Sung-Ja Cho

雕塑对话 #2
Sung-Ja Cho

儿童的建筑游乐场
Sung-Ja Cho

神秘花园
Duxbury, Massachusetts
Rebecca Krinke

内与外
景园展示
San Francisco, California
Mary Tienken, Elizabeth Gourley

可见的城市
Wellington Reiter

SCOTT FRANCES

中央车站的诗意之光
New York City, New York
Louise Braverman

三个欧马哈畜栏设施
Omaha, Nebraska
Cynthia Harper

中部景观的诗意写照
Phoenix, Arizona
Craig P. Verzone

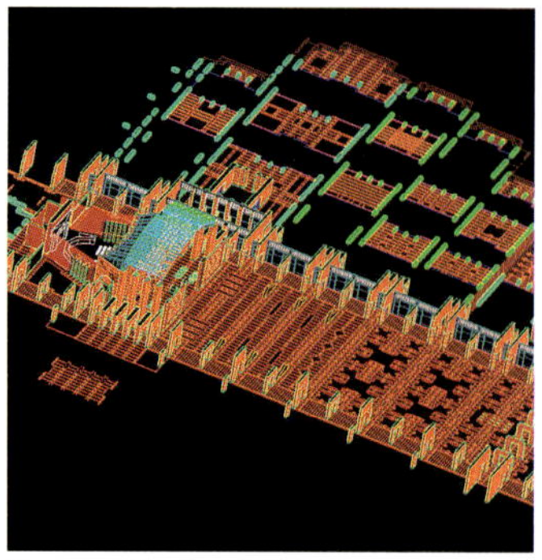

Rancho Mirage 城市中心
Arthur Golding and Associates

ROBERT PECK

美丽的美利坚
西班牙塞维拉世界博览会美国馆
Antoine Predock

Curandera 花园：南与北
Edith Katz, Ada Medina

长了翅膀的花园
Caroline Lavoie, Daniel Gauthier

马里兰二战纪念地
David Meyer, Karolos Hanikian

TOM LAMB

风景照片
Tom Lamb

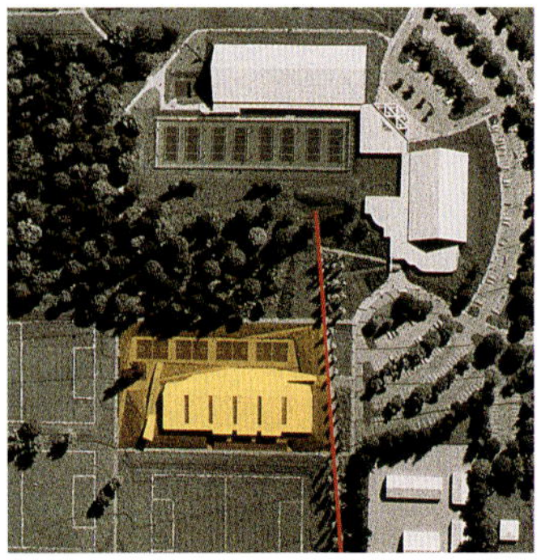

托拉丁山公园
Beaverton, Oregon
BOORA Architects

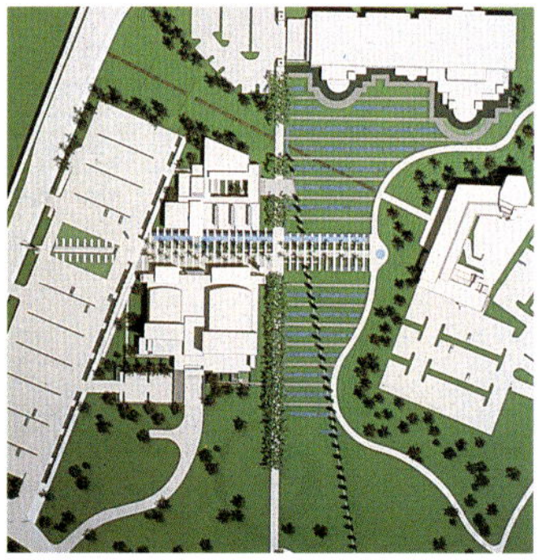

佛利蒙文化艺术中心
Fremont, California
BOORA Architects

NY 遗弃的土地：
其他的联合国成员国
Anu Mathur, Dilip Da Cunha

安巴卡得罗开放空间、
滨水区和交通项目
San Francisco, California
Francesca S. Levaggi

© OFFICE OF H. KEITH WAGNER

山顶住宅
Office of H. Keith Wagner

ASSASSI PRODUCTIONS

爱荷华大学考兹广场
Iowa City, Iowa
Herbert Lewis Kruse &
Blunck Architects

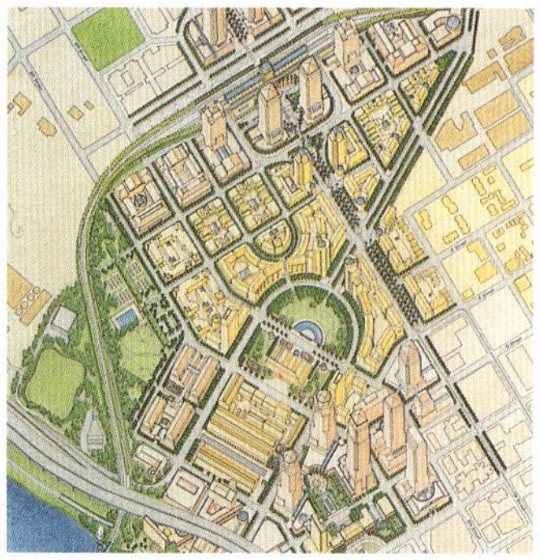

萨加缅度铁路区域专项规划
Sacramento, California
Roma Design Group

7 号码头
San Francisco, California
Roma Design Group

PAT CARNEY

Suisan 城发展计划
Suisan City, California
Roma Design Group

圣莫尼卡第三街漫步区
Santa Monica, California
Roma Design Group

与地面的四种关系
Concord, Massachusetts
Christopher James Fannin

Ime 城市自然公园
Boondang and Sungman, Korea
Hong-Kyu Kim, Shin-Hyun Choi

CELIA LIU

巴塞罗那港口
Barcelona, Spain
Shawn Rickenbacker

私人庭园
San Francisco, California
Steven Abrahams

商业公园
Leipzig, Germany
Bernd Krüger, Hubert Möhrle

贝思·以色列礼拜地及公墓
Houston, Texas
Gary Leonard Strang

城市森林的信号灯街道
Brookline, Massachusetts
Kaki Martin

重力花园
Culver City, California
Pam Davis

DAFNA KAPLAN

拉吉河公园
Ashdod, Israel
Tichnun Nof Ltd.

无情的停车场
Boston, Massachusetts
Betsy Boykin

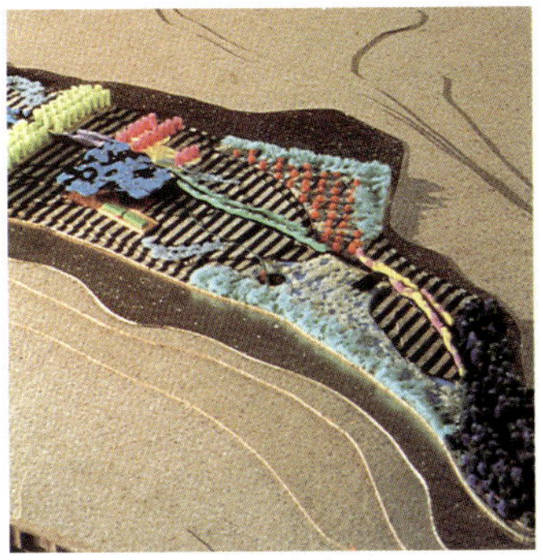

波士顿港湾群岛国家公园
Boston, Massachusetts
Sara Fairchild, Paula Meijerink

斯克里普斯学院艺术科学步道
Claremont, California
Pamela Burton & Company

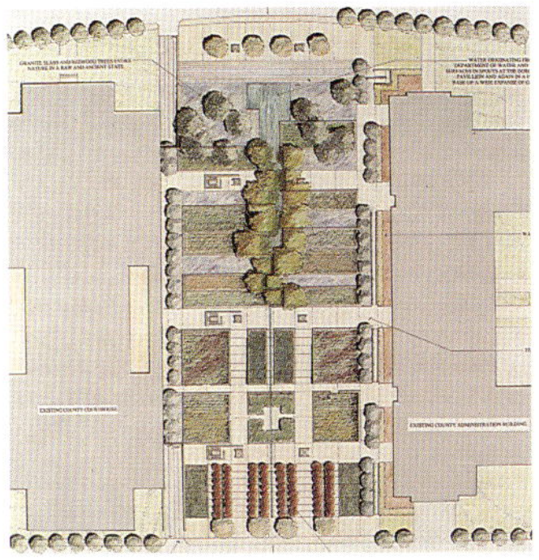

洛杉矶城市中心
Los Angeles, California
Pamela Burton & Company

州大街的复兴
Chicago, Illinois
Skidmore, Owings & Merrill

LG 北京
Beijing, People's Republic of China
Skidmore, Owings & Merrill

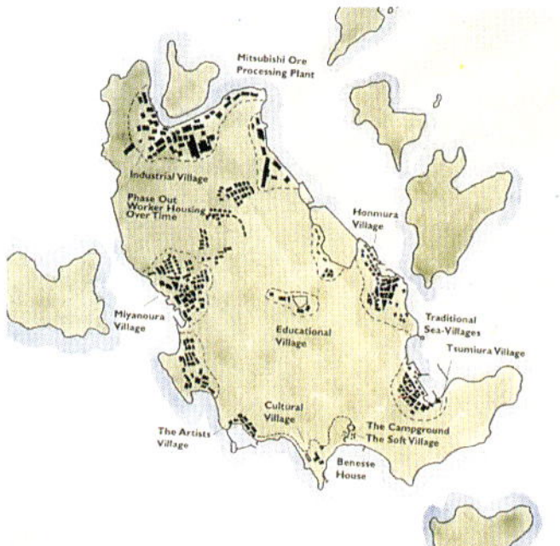

直岛文化村
Naoshima, Japan
Skidmore, Owings & Merrill

Glenview 海军空气站再利用规划
Glenview, Illinois
Skidmore, Owings & Merrill

© JONES & JONES

都市园艺中心
Seattle, Washington
Jones & Jones

© JONES & JONES

巴黎—莱克星顿大道
Paris to Lexington, Kentucky
Jones & Jones

© JONES & JONES

Myombe 保护区 Busch 花园
Tampa Bay Florida
Jones & Jones

© JONES & JONES

植物园
Singapore
Jones & Jones

© JONES & JONES

至桑德绿道的“高山”
Puget Sound, Washington
Jones & Jones

© RICHARD POSNER

消费者的门厅
Bothell, Washington
Richard Posner

城市治疗
Paris, France
Jim Williamson, Alexis Wreden,
Beth Whitaker

SUSAN SUTTON PALMER

设计景观图片
Susan Sutton Palmer

NED SMYTH

绿色波形墙
Coney Island, New York
Edward L. Smyth

NED SMYTH

着陆
Wilmington, Delaware
Edward L. Smyth

社区中心
Chenove, France
Vito Acconci & Studio

富士佳能研究公园
Mt. Fuji, Japan
Makoto Naborisaka, David Buck

DIXI CARRILLO

阿亚拉三角地
Manila Philippines
Peter Walker William Johnson and Partners

Barnsdall 公园总体规划
Los Angeles, California
Peter Walker William Johnson and Partners

Longacres 公园
Renton, Washington
Peter Walker William Johnson and Partners

住宅前的落木树林
Christopher Reed

为华盛顿和里所做的五个土丘
Washington and Lee University
Lexington, Virginia
Stephen Korns

拉斐特广场总体规划
Oakland, California
Walter Hood

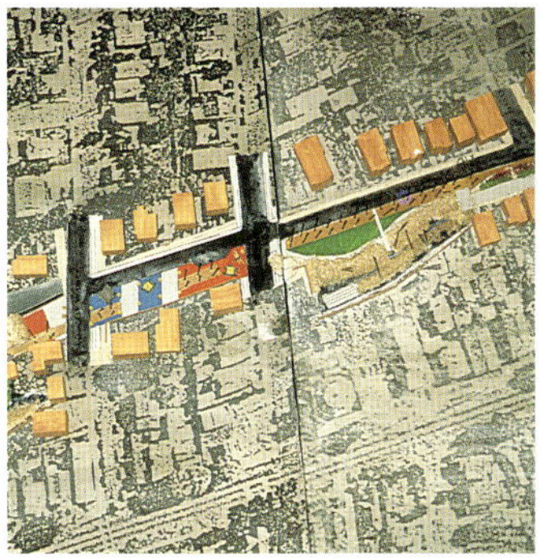

考特兰德河流公园
Oakland, California
Walter Hood

枝川区的彩虹广场
Tokyo, Japan
Yoshiki Toda

尾道市初级大学
Hiroshima Prefecture, Japan
Yoshiki Toda

别府市厅广场
Ohita Prefecture, Japan
Yoshiki Toda

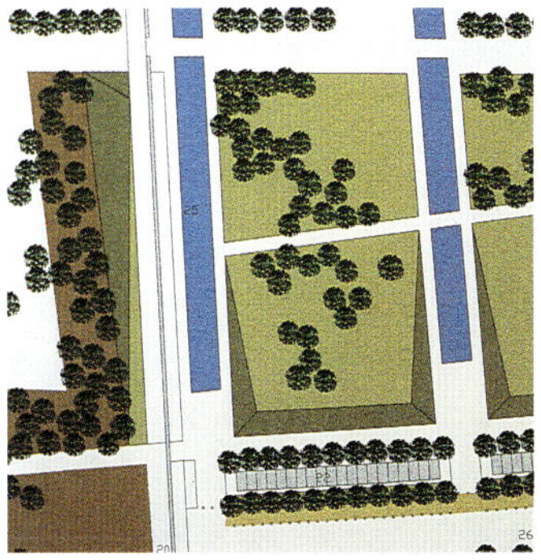

蒙特古绿色公园
Coimbra, Portugal
PROAP Landscape Architecture

圣索菲亚公园
PROAP Landscape Architecture

拉各斯码头
PROAP Landscape Architecture

二战纪念馆，记忆的森林
Ryoko Ueyama

© RICHARD POSNER

没有罪恶存在：反法西斯主题公园
Richard Posner

兰斯多恩
The GNU Group

阿兰·苏特拉
Jakarta, Indonesia
The GNU Group

32

园林项目评论
The Landscape Project

詹姆斯·科纳
James Corner

今后几十年,风景园林的各种实践将会如何前进与发展呢?是否可以想像园林有可能在各项文化活动中越来越受到人们的关注,吸引更多的观赏者呢?或者更容易预见该领域被正在横扫全球社会的力量的干扰、排斥、甚至淘汰废弃呢?

在新的千年即将到来之际,除了很好认识到上述难以确定的问题,园林设计论坛决定发掘并推出具有"文化雄心抱负"(culturally ambitious)的园林设计作品。尽管会有困难和疑虑,但我相信这个目标对于我们从事的领域是极其重要的。在这篇文章里,我将阐述"文化雄心抱负"这一词语的含义及其重要性,以及在这一方面的发展将会有什么丰硕的收获。

想要做到有文化雄心抱负园林的强烈愿望本身就是一种崇高的目标,尤其是对一个为得到本专业集体认可和公众普遍承认可而苦苦奋斗着的领域更是如此。风景园林在当今的社会中所起的作用是微小的,在这样的现实情况下,要相信风景园林行业能够在文化和政治事务中取得重要的位置恐怕只能说是天真的想法,顶多也只能说是乐观的设想。毕竟,在20世纪的大部分时间内,园林在文化领域并没有扮演特别活跃的角色。与遍布我们时代的现代通信和媒介技术的富有革新精神的大发展相比,在许多人的眼里,园林一定像是一种相当陈旧过时的东西,而园林设计是一种无足轻重的活动,仅仅由于少数一些喜爱温和天性的浪漫主义者的热爱才得以支撑保存下来。确实如此,作为激发人们高尚纯真感情形象的园林,通常被人们看成是一种安慰的手段,因此成了弥补技术世界中缺乏地域性激情的一种平衡物。

因此,园林可以在现代社会形成中发挥向前探索和进行评论的思想在许多人眼里一定是无稽之谈。在许多人中盛行但却是错误的观点是把园林看做只不过是逃避现实和后退的场所,而不是文化前进和革新的媒体。

不但如此,很难想到20世纪有什么时期风景园林是真正雄心勃勃和具有革命性的。至少与20世纪初艺术和建筑的巨大改革相比时更显得如此。尽管弗雷德里克·劳·奥姆斯特德、罗伯特·摩西和伊恩·麦克哈格是有预见的风景园林师和官员,为社会做出了杰出贡献,但他们仅代表少数人,而不是今天更职员化、过分职业化的风景园林师的典型。

与风景园林相比,理想主义、英雄主义的艺术和政治才华的主题同建筑、城市规划和市政工程的联系要紧密得多。自身比较软弱的风景园林师似乎同被动因素如自然、种植和景色等的联系要比同文化雄心的联系更为密切。事实上,画家、电影制片人、大地艺术家、甚至是生态保护活动家把园林向现代文化形象的推进甚至比20世纪的风景园林师们所做的工作还要多。这些园林师们似乎更加专注于景色的实用技术和环境的改善,却没有用多少精力去为园林项目提供文化评论和创见。

当然有这样一批人,他们认为园林建设应当更多地去关心对自然界的管理,而不是去培育文化;他们认为这种生态学的紧迫任务成为了近几十年风景园林业的成功和发现的特征。支持这种见解的人可能宣称促进文化雄心的园林与他们基本无关,那是高层艺术的领域,而不是改善地球环境这一具体行业的固有任务。

这种不同的意见代表一种不幸而混淆不清的分歧。例如像麦克哈格这样的人会说恢复地球的生物系统就是文化雄心抱负,他所追求的正是在人民的社区形式和生态系统之间设计一种系统的和互相适应的一致。从社会政治和行业关系的层面讲,对于一个污染日益恶化资源日益匮乏的世界而言,这样的观点毫无疑义是敏锐的明见。但是尽管我深信风景园林师有必要进一步创造性地探究环境规划课题,但大部分环境保护主义者都把自然放在文化之前,只看世界的外表,而不看其内在,而这正是困难之所在。正如塞缪尔·泰勒·科尔里奇(Samuel Taylor Coleridge)所说的,"内部不变而只看到外部的变化是一张空签,难以不引起怀疑。"这样,我们社会和环境存在的问题(污染、浪费、过度发展)来自于我们认识和观察事物的固有文化方式;简单地改善这问题无法妥善地处理它的根本来源:根本限定了我们在这个世界上进行观察和采取行动的方式的文化想像力。

我就是从这个基础出发坚持致力于给园林工程注入新的活力,使它成为对文化习惯和常规惯例的评论干预的手段。我珍视作为文化历史产物的园林,我更对主动创造文化的风景园林感兴趣,着重点明显地从园林作为名词(物体或景色)转变到园林作为动词(过程或动因)。我们必须将园林作为一种现世的干预主义艺术、作为一种诗意的作品、作为一种内在的东西而不是仅仅作为外部现实的灵丹妙药来进行讨论,原因就在于此。

我了解读者在设想以下两个问题时会有一些困难。其一是:有文化抱负的风景园林是怎么样的;再则是:不论采取什么形式,在今天相对冷漠的社会气候下,如何为园林项目提供一种替代的变化形式呢?但是园林项目的文化抱负可能与其说是外表的美学领域的事,还不如说是一种策略的问题,是这门学科的宗旨、范畴和模式的创造性修正。

园林的思想,正如它的各种组成结构和实践一样,其意义、内容和作用都可能产生巨大的变化。东方的、18世纪欧洲的、或20世纪晚期美洲的园林形式都表明类型绝非固定不变的。的确,要断言每一个社会关于园林的观点都同我们美国一样,甚至是断言其他社会也都拥有任何形式的园林都是错误地把我们自己的鉴赏力、感受力强加在其他文化之上。

想想肯尼思·克拉克(Kenneth Clark)在他的著作《风景进入艺术》(*Landscape into Art*)里对不断变化的园林观念的分析。他在分析中概括地列举了一系列的园林形式,从中世纪文化艺术鉴赏家的象征主义观点和文艺复兴时期的至美秩序理想到现代主义的秩序和抽象的主题。只有在后记里克拉克才通过援引科学的新发展对当前的形势进行了推断并想像与传统类型的决裂。克拉克概述了不同时期园林观念的一些革新性的变化。他向我们表示,同绘画和雕塑一样,园林也是在同物质世界的思辨的接触中通过人类的想像产生的,而这种活动是为新的解释和实践敞开大门的。这样,园林并不局限于由地形、景物、材料组成的物质世界,同时也是同广泛媒体中各种各样的表现不可分割地联系在一起的。

因此园林空间永远同园林思想分不开。即使人烟未至的自然荒野地也是一种景观,人们通过各种不同的表现从文化角度去理解和欣赏它们到什么程度,它们也就是这一程度上的园林景观(这种表现可能是对该地区的动植物群的科学论述,也可能是艺术家的绘画或照片)。这样人们对环境(不论是人造的或天然的)的领会理解(也可以说过滤或限定)是通过各种各样的倾注与投射来完成的,综合起来就成了我们称之为园林景观的媒介。

从事这个行业的人们通过不同的渠道方式发现园林景观首先是一种想像工程,一种限定理解并影响世界活动的经过深思熟虑的活动。不论是以地图、绘画、摄影、文本、电影、庭园、公园、大地艺术或城市基础设施的形式出现,园林历史地被认为是不断在竞争着的想像、观念和经验的巨大宝库。园林与当代占统治地位的势力相结合和对抗的能力决定了它在更大的文化领域发挥作用的程度。在这方面,历史记录表明园林景观是一种有非凡适应能力的现象,以极端不同的方式在不同的时代和文化中出现并表现自己。我们这些从事园林的人强烈地希望看到园林在当代文化事务中的地位大大地靠前,尽管没有理由认定这样的恢复必然有利于社会。

事实上,有非常合理的理由说明为什么园林景观总是会受到怀疑。例如雷蒙德·威廉斯(Raymond Williams)说的“工作的国家几乎从来就不是园林”,再如让·弗郎索瓦·利奥塔 (Jean Francoise Lyotard) 说的具有挑衅性的话:“有了园林感就会失去场所感——场所是自然的,但园林却是超越现实的。”这两则评论暗示园林有某种与世隔绝的特性(如在客观化和疏远化方面的表现),而这种特性可能反过来用以巩固和代表某种占统治地位力量的利益(不论是特权阶级的、政治思想的或商场企业的)。

一些作家如约翰·巴雷尔 (John Barrell) 和米切尔 (W. J. T. Mitchell)描述了园林的“黑暗面”——园林在竖立、掩饰和保持各种权力的能动作用造成的道义和政治的黑暗面。由于园林使自己的作用随着时间自然化了,掩盖了一切欺骗和人类意志的迹象,它的掩饰就更有效了。

在我们生活的这个时代园林思想已失去它大量的想像力和伦理道德力量。从园林的那些缓冲带、植物篱障、景色艺术处理以及19世纪公共场所的再创造等进行判断,我认为园林已经僵化成为一些被动消极、静止过时的东西,被吸收接受更多的是作为景色补偿而不是什么真正尖锐的东西。今天的风景园林以其最商品化的形式在社会上扮演了相当悲惨的角色,为了安抚消费者而发挥了缓冲和掩盖屏障的作用,而不是作为积极参与解决当今生活难题的批评艺术形式。

我们必须紧急推动发展园林有雄心有远见的复兴——深思熟虑的作品、论文、宣言、高度的激情和思想交流——以取代今日办事员标准的心胸狭窄、高度职业化、毫无创造性的园林。人们可以在这方面进行大量的阐述发挥,但关键是说明在对当今的风景园林实践进行评估之前应当对整个复杂的园林媒体进行适当充分的分析。虽然园林师们主要关心的是物质和建成的介入物(不同于绘画、自然史论文或其他文字或视觉的表现物),他们的工作仍然是在一个大得多的园林环境中进行的。这种园林大环境源自文化并作用于文化。

我这样做,不仅要涉及有关来龙去脉的邻近物和场地与地区间的关系,还要提出园林想像力的更宽阔的舞台。依靠这许多构成园林媒介的表现形式,我相信园林能够在现代的文化事务中发挥更大的作用。正是园林媒介的不自然性、它的思想和物质的固有特点应成为当代风景园林研究和实践的课题。

这样,至少我认为论坛的“文化雄心抱负”的标准提出了一个全新的风景园林课题。这一课题不能仅限于合格施工的建成作品,还应包括对在更大范围内的评论并丰富了园林媒介本身和发挥革新作用的作品。

论坛委员会的许多成员希望更多的艺术家能呈交作品以供讨论。事实上,艺术家们呈交来的许多作品的确提出了一系列值得深思的问题和思想。然而,与此同时,依靠艺术家们来提供新的发人深思的思想,却明显暴露出有关风景园林革新方面的失败主义立场。从艺术的层面出发创造性地处理复杂的城市、规划、环境和文化等方面问题的风景园林项目何在呢?

确实,在园林领域的最好作品中可以看到工艺和细部有多么熟练精通,但是我以为没有动因的工艺只不过是技术而已。而正是在这个问题上,我们当代实践中那倍受质疑的理论和评论变得极为重要,因为只有在设计中通过开明的、集思广益的质疑(而不是那一成不变的常规惯例)才能够在文化层面上促使革新发生。

我就是带着这许多想法与专题小组的同事们对呈交园林设计论坛的二百多件作品进行评议的。我们判断一件作品是否是有文化雄心抱负的标准是什么?有文化雄心抱负作品的标志是什么?为园林领域标明未来发展方向的章程或宣言将会如何出现?借助回顾之利,我提出至少部分地指导我们的思考并指出有利于学科未来发展方向的3个至关重要的标准:评论标准、有形标准和复合标准。

在园林环境方面,一件特殊项目能够在多大程度上采取明智的有创新精神的姿态呢?园林展现出什么前所未有的可能性呢?为了回答这些问题,简单地解决问题和刻板的场地规划是行不通的,应在更高的层次、在思想的层次上去探索与回答。这就是爱默生(Emerson)的“诗意的超越”(poetic excess),这个境界超越于实用与经济,虽然并不排斥它们。在这方面,评论从根本上是建议性的、乐观的、雄心勃勃的事业,而不是消极的、无关重要的任务。有许多可以围绕着它们进行评论的课题:众多有关自然和生态的论文和演讲;资本主义(尤指园林作为景观商品)问题;在全球世界里的当地和地区性的问题等诸如此类的课题。

结果,获得有关当代主题的更多知识的需要,以及通过风景园林以某种方式处理这些问题的雄心和信心都强调设计方面的理论与评论的关系。理论为设计师们提供了评论问题和手法的框架,围绕它们可以激发设计师们的积极思维。理论不应只同语言媒体发生联系,也不应当被认为只是沉思默想。设计任务不可避免地涉及到这种或那种理论。而这里达到的那种理论是既有想像力又有生产力的。评论者开始是思考、怀疑、不满,最后才深思熟虑地进行评论。

因此,有文化雄心抱负的园林师就是那些以评论家的杰出才能进行深思、设计和建造的人,对他们来说,理论、想像、思考和建造是一个完整的创造过程。今天,比以往任何时候都更是如此,风景园林领域包括作家、评论家和艺术家,其原因部分是由于他们的推动和宣传的能力,而部分则由于他们使园林处于文化领域中的敏感性。但这些活动的大部分都发生在设计之后,是依靠反思进行的,而我提倡的评论活动则是在设计之前和伴随着设计过程的,是这一学科的内在成分。正如想像和媒介技术一样,评论必须演化为一种创造性的工具，一种方法手段。

在这一方面，Michael Lehrer 设计的邦斯达尔好莱坞塔(Barnsdall Hollywood Tower)和北角公园(North Corner Park)表现出对纪念物地标系统的修改，没有这些修改，则车水马龙的好莱坞大街就平淡如水，毫无特征可言了。艺术家 Andrea Wollensak(一篇论空中观察和军事地形地貌的论文)和 B.J. Krivanek(母亲运河)提供了另外一些有巨大激发作用的作品。然而，这样的作品还是太少了，远远落后于实际的需要。大部分呈交来的作品未能体现出任何质询或论证的精神。园林设计如果要有力地再现自己，就要靠富有质询精神的思想和充满活力的概念体系来从智慧灵性上进行激发推动。

可触知的物质实体是园林内在固有的。这样，上述提及的思想和评论实践不能简单地在语言陈述的层面上发挥作用，它必须本体论地通过空间和知觉感进行交流。更进一步讲，为对抗把园林降低为风景或视觉背景这种商品化的压力，强调运动感和知觉经验(嗅觉、触觉和听觉)提供了一个基石。园林触觉经验的效果既深远又持久，渗透到物质想像的灵魂深处。风景凝视使主体客观化，显得遥远，而触觉则吸引人，使人理想化，使人贴近场所经历。触觉的确使我们回到与周围事物的亲密关系之中，使我们感到木材的温暖和金属的冰冷，潮湿叶片的麝香气息和湿润空气的芳香，火山岩的粗糙和化石的光滑。最后还有最明显感知的现象，当人们从封闭空间到达一马平川的田野时所感到的自己的冲力、步法和重量。

大量的可见景象、园林形式的富有想像力的可塑性代表一种方法手段，保证主观同客观的尽量接近，直至达到几近消融的境地，同时避免了晚期资本主义的景观与消费作用之间的疏离。在这次论坛上，我看到了艺术家 Mara Adamitz Scrupe 的奇妙作品“穿越逆水之河”(Traversing Reverse Rivers)。在创作这部作品时，艺术家在哈德逊河两岸铺了 1 000 个装满河水的应急水袋，从下面用光电管进行照明，亮度随着天色而变化。艺术家呈交的幻灯片首先显示设置道具前的场地，一片林区空地。接着是安装了道具设置后随着时间变化的景象：白天，一片绝妙的可在上面行走的由橡胶枕状物铺成的柔软似水的地毯；黄昏，照明逐渐增加，一片奇异神秘的景象；夜晚，奇异的光线如流水；黎明，微光透曳闪烁，逐渐消失。最后的片子显示撤除装置后的场地，似乎这里的一切都未曾发生过一样。

Paolo Burgi 为瑞士提契诺一所学校设计的一系列开放空间抓住了雨水落到紧密的石板地面上的触觉效果。这些坚硬的花岗石庭院是极其简朴的极简艺术的设计，把雨水输导到布置巧妙的进水口和细长的排水沟。当你漫步走过这些极为简朴雅致的庭院时，水圈由于引力作用以千变万化的方式流动的景象就会梦幻般地展示在你的眼前。

以比 Burgi 的石板地面更明显具象派的手法，Douglas Reed 的儿童疗养园(Therapeutic Garden for Children)也体现出一种对它的更大环境的高度质感的模拟。从单一的观点是永远无法理解这个花园的，它也拍不出什么特别美丽的照片。相反，要体验这一设计主要依靠走过它那柔和线条勾画出的场址，漫步那露珠湿履的草地，悠然地搜集大量的逸事、旧址和精工塑造的处所以及纯真欢乐的片刻。在这个花园中，感知当然是通过经历和运动而获得的。这个园林没有被客观化具体化，而是通过那能走动的住园病儿的嘈杂混乱显现出来的。结果，与 A.E. Bye、Janis Hall 或 Michael Van Valkenburgh 等的作品一样，这座园林很难轻易地进行分类和代表，它总是难以把握的。

我提出“综合体系”(Complex)的用意在于为园林表现方法引发一系列复杂得多的问题和可能性，然而目前的设计实践似乎还未能或还不愿意接受。为了能在 21 世纪发挥更大的作用，园林设计师们必须有各种新的富有创造性的工作方法，以便同在某一领域发挥作用的日益复杂的力量进行合作。园林领域更加熟悉科学、艺术、哲学和城市学等不同领域不断出现的新思想，并同它们保持密切关系。这些领域都已经在构成各自的一整套新的复杂的网络范式、全球性的互相联系和形态的发生和建成。的确如此，曾经被认为是分开的互无关联的生物、经济和技术这些学科互相之间关系也正变得日益密切，互相相似和同功，尤其在时间发展和形成过程中更是如此。而且由于全球资本积累方式的巨大变化、资源的流动性、技术的发展和消费经济的兴起，当代大都市的园林趋向于使自己成为没有等级和线性组织的不断发展进化非组织的综合结构。笛卡尔主义客观具体的空间观念正在不断消失，今天的空间正以多变的环境形式出现：动态、多中心、形式各异、不确定和不联贯。从这一观点出发，传统设计实践的各种“稳定性”(空间的、时间的、法律的、社会的)看来只会妨碍文化的向前发展，而不是推动并丰富差异、开放和不确定的综合性。

具有讽刺意味的是，生态学竟然发挥了理解资本主义大量的文化和经济发展过程重大象征的作用。生态学之所以能成为分析和预测的特别有力的框架是有能力概括相互联系的网络，使各部分之间发生联系并揭露一系列的互相依赖关系，有能力把不连贯看做更新的因素并提出诸如时间、网络、流、层等综合复杂力量的词汇。园林建筑师可能在这样的发展中发挥领导的作用，只要超越作为纯自然科学的生态学(似乎有可能把自然和文化分开)。需要的是一种文化生态学，一种人类想像的创造才华有机会革新、增进新品种合成物，并在进化的纯多样化力量中充分发挥作用的生态学。

对园林师们而言，通向工作的一条直接通道关系到基础结构。既灵活又优良的最新型的基础结构越来越成为未来发展的主要决定因素。所谓的阳光带(Sun Belt)城市——洛杉矶、凤凰城、休斯顿、亚特兰大、迈阿密——之所以突然兴起的唯一原因就是因为有了铁路和州际公路，而它们明确的基础结构形式使其比较容易地适应不断变化的需求。这些现代化的城市发展成为密集核心的多中心结构，各自沿着这些重要的基础设施向区域整体框架方向发展。资本主义生产和投资更多地集中于适应性强的、交通方便而且在某种程度上新兴的城市，而不是集中于传统保守的、僵硬的结构。要对这些结构进行新改造，代价实在太高了。结果，城市和行政区为了获取剩余资本和新的同盟就不得不投资一系列新的开放基础设施。园林建筑师应站在这些发展的前列，开拓道路，而不是仅仅受雇来从事于景色的翻新改造。

令人失望的是，在论坛上，讨论处理这些复杂问题的作品太少了。更令人沮丧的是一些专题小组成员把艺术(仅以形式主义美学加以定义的艺术）凌驾于生态学、社会经济学、规划革新或基础设施等更为困难的城市问题之上。这种情况之所以发生，至少部分原因是一些完全缺乏创见性评论性的作品冒充为生态学的或基础结构的。不但如此，一些艺术家，虽然是沉思默想地，的确涉及到基础设施问题。Fernanda D´Agostino 为一次独特的丰收宴设计的“富足和贫乏”，标明玉米田和粮仓，指向有关耕耘和社区生活事件的设计。Anna Valentina Murch（与 Austin Tao 和 Bob Banaskeck 合作设计）为圣路易斯地铁隧道的开工所作的设计用彩色碎玻璃铺斜坡和路堤，然后用金属卤灯对斜坡进行别具一格的照明，为被人冷落的边沿地带场所，特别是通行、速度和运动的场所勾画出一种创造性方法。

有一项园林设计对一系列综合复杂问题进行探讨处理。这就是哈格里夫斯同他的合作者设计的里斯本泰霍特朗考公园（Parque de Tejo e Trancao）。在这儿，水处理设施和废渣埋填地同新的公园规划结合在一起，有为进行保护野生动物教育而保留的沼泽地、河边散步场所，以及马术活动和球类活动场所。设计意图是把一些看似“肮脏”的城市基础结构的活动同娱乐和雕塑创造性结合起来。在这里，弯弯曲曲、纵横交错的地形和人工林与其说是物体构成的图形还不如说更像是地质学的场所，不同事物的交叠和接近就更明显了。

显然，今天的园林设计师们要接近那些在塑造形成现代的发展方向起如此重大作用的力量并把他们争取过来绝非易事。原因有二：一方面可能是因为那些力量明显的无知和傲慢，另一方面也因为园林行业未能抓住我们迅速全球化文化的综合复杂性。但是对那些用眼可以观察的人来说，下一个难点就是如何参与到所有这些综合因素之中。因此，我们许多概念化和表现的技术看来就难以完成在今天的世界重新规划制定园林方向的任务了。对于关键性的、可感知的和综合复杂因素的深入了解很可能是设计方法和技术（如移植、堆积、刻痕和折叠等）的革新的结果。我们这一代的设计方式风格对仅是平面和透视表现法的依赖减少，对即时的和综合的技术能够更加兼收并蓄之日也就是我们走出目前的死胡同之时。

在这一方面，我相信坚持认为风景园林是文化雄心抱负、坚持认为在发展文化生活方面园林是极端强有力手段的认识是绝对正确的。关键性、可触知性和综合复杂性是园林学在文化事业中突出其可见性和有效性的 3 条途径。与表现问题和新的设计技术一起勾画出一种能够对作用于特定社会的各种哲学纲领和政治纲领具有重要的影响的风景园林。园林的作用并不限于外部领域，景观生态系统、美、高效或自我保存，而应当扩大作为一种文化工具，成为在文化思想发展中的生气勃勃、富有创造性和想像力的一员。

主要设计一览
Portfolio

36

庭园
Gardens

ELLIOT KAUFMAN AND LINDA POLLAK

都市花园，*Linda Pollak Architect*

格洛斯特住宅，*Child Associates*

格兰德岛住宅，*Child Associates*

PHOTOS © CARDASIS

塑料花园，Dean Cardasis and Associates

网格和尺度，*Ron Herman Landscape Architect*

低语的小溪，A.E. Bye, Janis Hall

展开的风景，A.E. Bye, Janis Hall

© RAYMOND JUNGLES

私人住宅，*Raymond Jungles, Debra Yates*

伊斯格住宅, *Jack Chandler and Associates*

1234 号花园，Chip Sullivan

墨西哥之鲸，Javier Senosiain Aguilar, Espacio Integral

绿色之屋，*Javier Senosiain Aguilar, Espacio Integral*

D. VORILLON

私人住宅，Rios Associates

没有透视灭点的花园，Ruey Y. Chen

米拉弗罗尔，*Ron Wigginton/Land Studio*

流动着的石园, Suzanne Biaggi, Rik Barr

格雷花园 ,*Bernd Krüger, Hubert Möhrle*

格林伯格住宅,*Mia Lehrer, Scott Sebastian*

大地艺术
Land Art

新门 1986–1987, David Ireland

沸腾，平衡，进入另一个世界的窗口，超越平凡大道，*Tanya Preminger*

栖息地Ⅱ,Suzy Hug-Levy

非洲纪念墓地，*Jeanine Centuori, Karen Bermann*

© HEATH SCHENKER

三个广场，*CUBUS Architects*

停车表演，*Heath Schenker*

穿越逆水之河，*Mara Adamitz Scrupe*

光通道, *Anna Valentina Murch, Austin Tao & Associates, Bob Banashek*

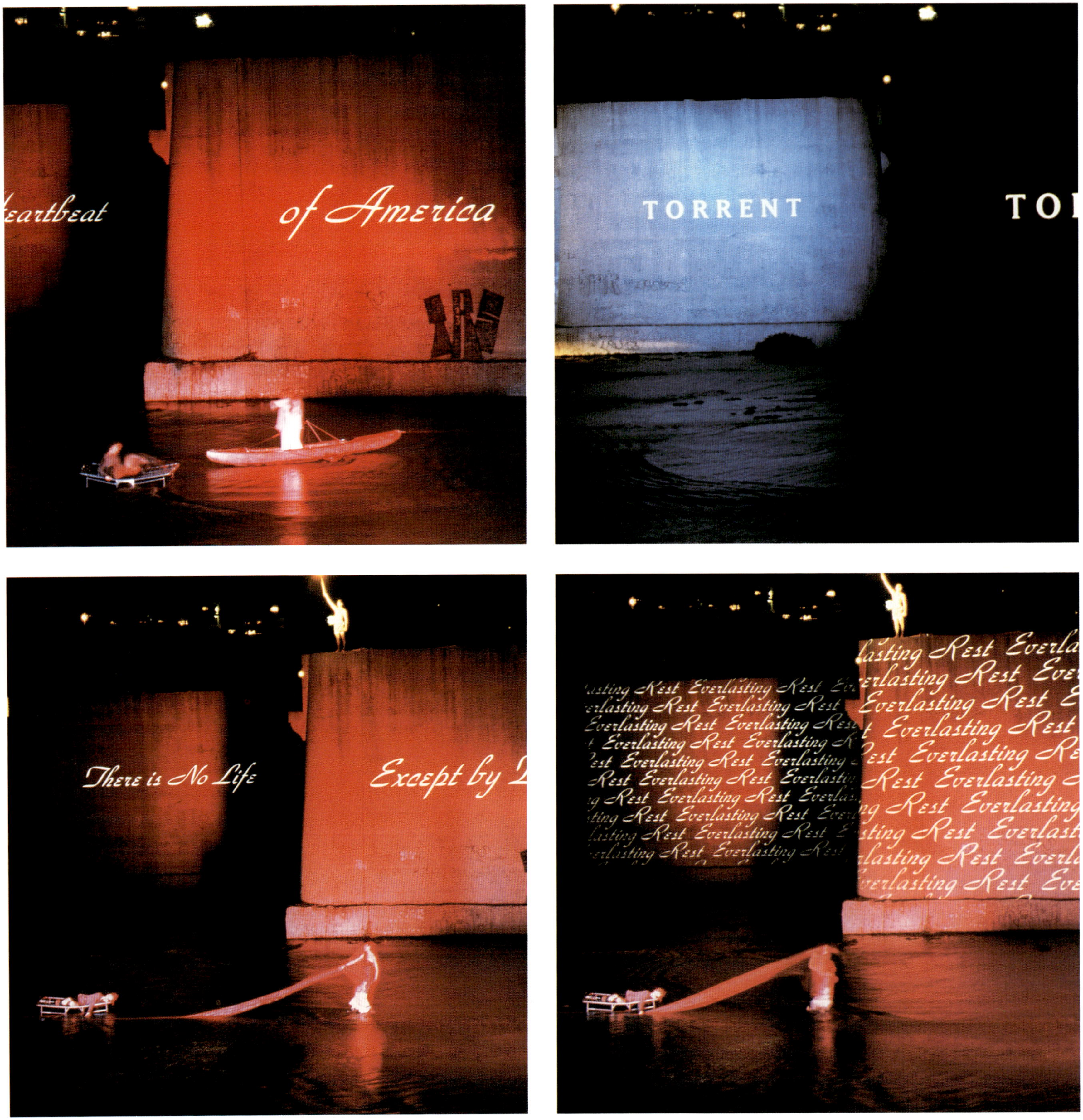

PHOTOGRAPHS © B.J. KRIVANEK

母亲运河, *B.J. Krivanek, Heidi Duckler, Robert Fernandez*

岛屿文化，Wellington Reiter

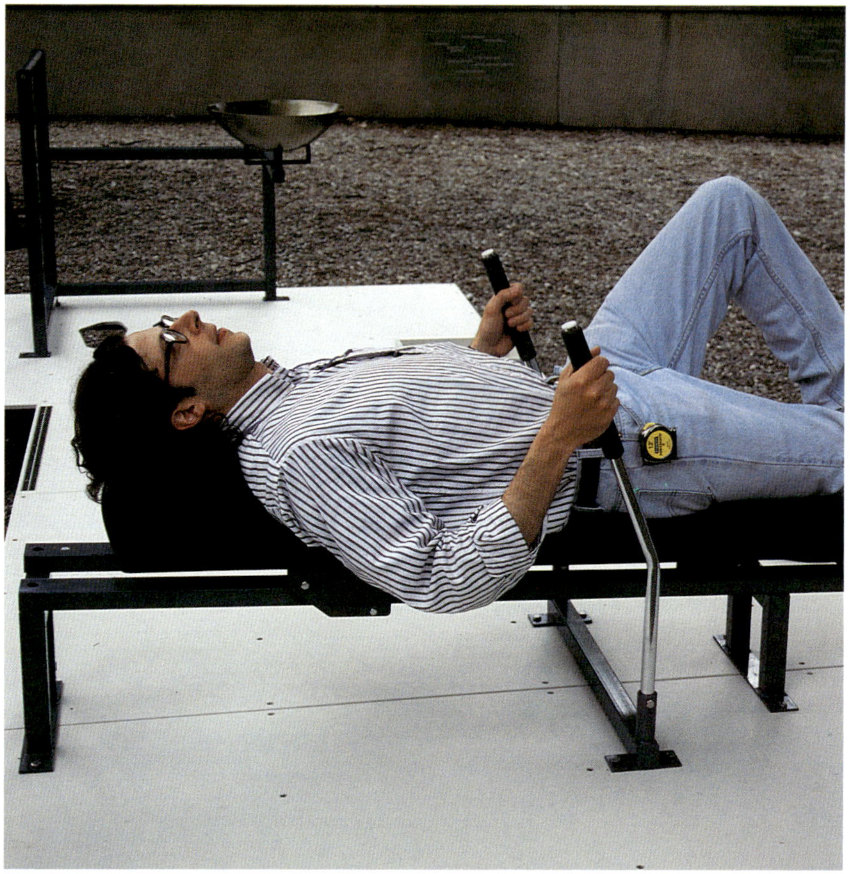

触摸，Jeffrey Schiff

建筑上的公园，Vito Acconci & Studio

荷兰的足迹，Vito Acconci & Studio

飞行公园，Vito Acconci & Studio

格里弗特公园，Vito Acconci & Studio

记忆之河, A.E. Bye, Janis Hall

富足和贫乏，Fernanda D'Agostino

68

公园
Parks

约克维尔村公园, *Ken Smith, Schwartz, Smith, Meyer*

© JEFF GOLDBERG, ESTO PHOTOGRAPHICS

瞭望台公园，*Child Associates*

BRUCE FORSTER

日美历史广场，Murase Associates

© 1988 CYMIE PAYNE

南湾公园, *Child Associates*

查尔斯顿水滨公园,Sasaki Associates

北海滨步道扩建，Johansson & Walcavage

柯林斯环，Murase Associates

长沼社区公园, *Yoji Sasaki, Ohtori Consultants*

长沼社区公园, *Yoji Sasaki, Ohtori Consultants*

本·古里安大学的科雷特曼广场，*Shlomo Aronson*

加布里埃尔·谢诺瓦步道，*Shlomo Aronson*

80

保护与改造
Preservation and Reclamation

DAFNA KAPLAN AND SHLOMO ZE'EVY

艾伯特散步道, *Tichnun Nof*

帕达根尼亚的探索者旅馆，*Germán del Sol, Architect*

帕达根尼亚的探索者旅馆，*Germán del Sol, Architect*

滨海水污染控制厂, Royston Hanamoto Alley & Abey

科茨米尔可自然公园，*Mario Schjetnan, Jose Luis Pérez, Grupo de Diseño Urbano*

肖普溪流恢复，Wenk Associates

水工程公园，Lorna Jordan, Jones & Jones

城市设计
Urban Design

盖塔大楼屋顶花园广场, *Makoto Naborisaka, David Buck, Nikken Sekkei*

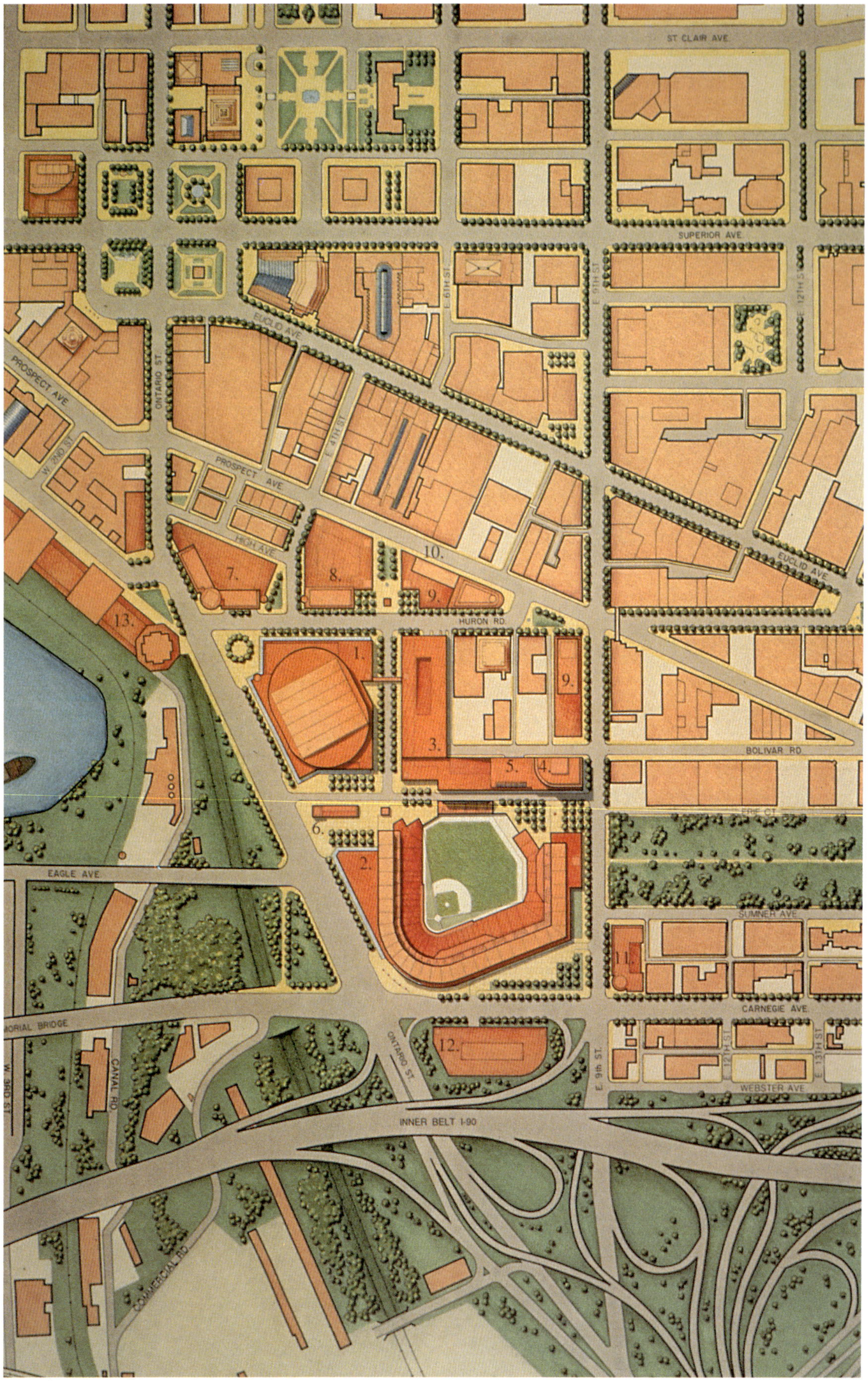

克利夫兰门道, *Sasaki Associates*

克利夫兰门道,Sasaki Associates

尼夫·泽德克广场，苏珊·戴尔中心，*Shlomo Aronson*

丸龟车站广场，Peter Walker William Johnson and Partners

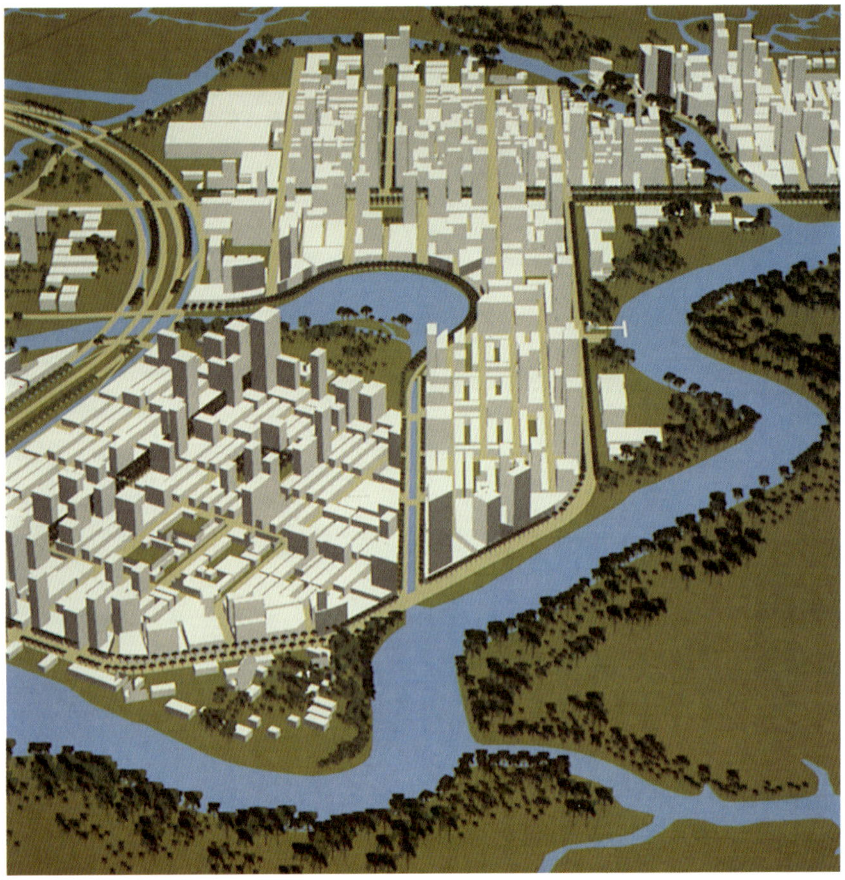

RENDERINGS BY CHRISTOPHER GRUBBS

西贡南区总体规划，*Skidmore, Owings & Merrill*

圣莫尼卡市政中心详细规划，*Roma Design Group*

圣莫尼卡海滨发展计划，*Wallace Roberts & Todd*

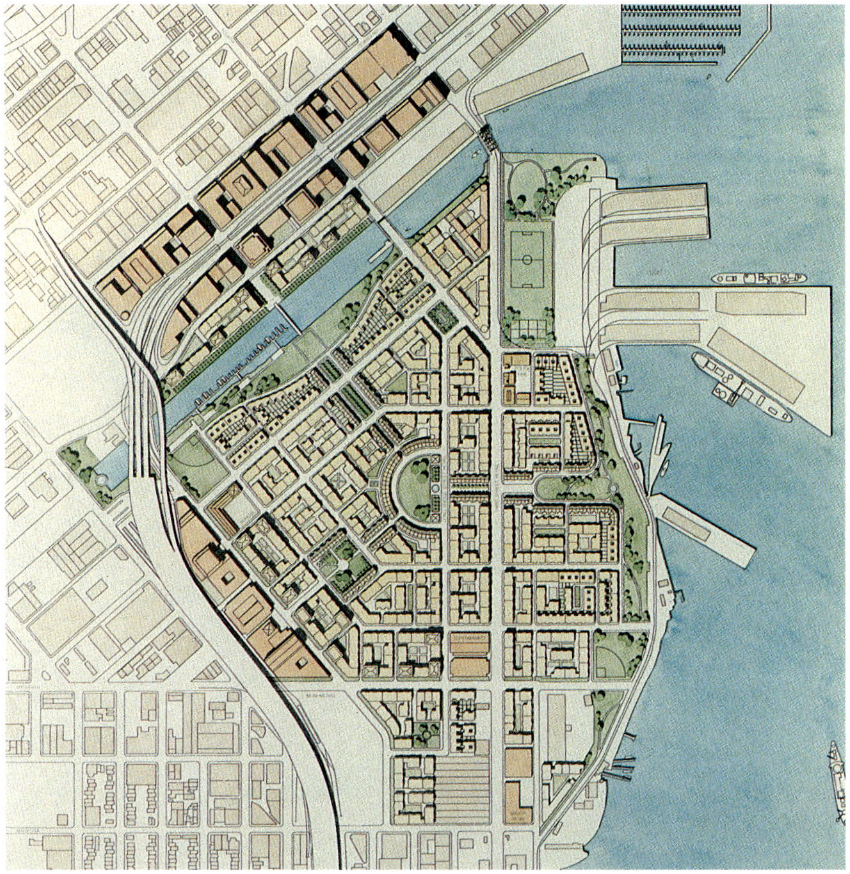

RENDERINGS BY NORM KONDY

米慎海湾总体规划, *Skidmore, Owings & Merrill*

机构环境
Institutions

儿童疗养园，Douglas Reed Landscape Architecture

桑德斯筑波研究所，Toru Mitani, Sasaki Environment Design Office

桑德斯筑波研究所, *Toru Mitani, Sasaki Environment Design Office*

风之丘火葬场及葬礼厅, *Toru Mitani, Sasaki Environment Design Office*

休斯顿警官纪念地, *The Office of James Burnett*

DIXI CARRILLO

伯那比地铁城市政中心, *The SWA Group*

树木和灵魂的墓地，*Iñaki Albisu Aparicio*

当代版画艺术中心，*The SWA Group*

TIMOTHY HURSLEY

西雅图港 69 号码头环境设计，*Murase Associates*

北方文化博物馆, *Mario Schjetnan, Jose Luis Pérez, Grupo de Diseño Urbano*

普爱塔牧场疗养区，*Chris Drayer Landscape Architect*

古河市民俗博物馆庭园, *Shodo Suzuki*

古河市民俗博物馆庭园，*Shodo Suzuki*

神经系统科学研究院，Burton Associates

图书馆步行道，Peter Walker William Johnson and Partners

高科技中心，*Peter Walker William Johnson and Partners*

高科技中心，*Peter Walker William Johnson and Partners*

凯宾斯基宾馆, *Peter Walker William Johnson and Partners*

德国标准研究院庭院，*Richard Weller with Muller, Knippschild, Wehberg*

绿色津南中心庭园，*Yoshiki Toda*

绿色津南中心庭园, *Yoshiki Toda*

大阪城市大学媒体中心广场, *Makoto Naborisaka, David Buck, Nikken Sekkei*

大阪城市大学媒体中心广场, *Makoto Naborisaka, David Buck, Nikken Sekkei*

122

公司环境
Corporations

HIKO MITANI

东京大山海军训练中心，Peter Walker William Johnson and Partners

YKK 研究与发展中心，Toru Mitani, Sasaki Environment Design Office

YKK 研究与发展中心, *Toru Mitani, Sasaki Environment Design Office*

大西部生活公司庭院，Civitas

美国学院测试公司园区，*Herbert Lewis Kruse Blunck Architecture*

TOM FOX

惠普公司罗斯维尔园区，*The SWA Group*

PHOTOGRAPHS BY TOM FOX

达拉斯联邦储备银行，*The SWA Group*

GERRY CAMPBELL

亚利桑那中心庭院与商场，*ELS Associates, The SWA Group*

TOM LAMB

麦克阿瑟庭院, The SWA Group

DAVID WALKER

索拉纳园区，Peter Walker William Johnson and Partners

DAVID WALKER

DAVID WALKER

DIXI CARRILLO

DIXI CARRILLO

索拉纳园区，*Peter Walker William Johnson and Partners*

PAMELA PALMER

广场大楼，Peter Walker William Johnson and Partners

设计项目
Projects

马克·垂帕
Marc Treib

近40年来，来自社会和经济两方面的压力从根本上重新限定了设计行业的性质。设计师们现在强调他们服务面的广度以及他们实践的全面性。这种结构上的彻底变化来得相对迅速而确定，大的专业公司不断地从小规模的工作室发展起来。为了迎接新的挑战，园林行业的组织和目标已经发生了变化，其中有许多关系到委托人、经济学、实施贯彻和实践方式等方面的问题。[1]

更多情况是伴随而不是直接影响的结果，园林设计作为与绘画和雕塑思潮紧密关联并带有审美性质的学科，在20世纪60年代晚期的社会剧变后几年却丧失了名誉。在社区规模上，市民参与决策过程的现实动摇了设计师和规划委员会的权威，寻求经济收益和民众福利之间的平衡。建筑业拓宽了业务范围，既包括室外又包括室内。来自看似无关学科的动力和强调更广泛需求的压力也影响到建筑物设计和施工的方式。在园林方面，对作为整体的地球的真正威胁以及对作为一种调整方法的生态学的"发现"改变了这一行业的历史进程：在由植物和无生命物质构成的外部环境的创造过程中更好地理解自然条件和人类使用模式。麦克哈格在《设计结合自然》中的末日宣言不论是消极还是积极，把园林设计师们的注意力从设计的美学成就——他们的文化和才智抱负——引导到对我们在环境中所处地位的进一步理解。[2]

分析代替了形式上的考虑，如果不去创造，似乎引导园林的过程就只能是研究的结果。[3] 与任何历史时期一样，设计的结果千差万别，各不相同。园林的视野虽然扩大了，然而，随之而来的是在具体的空间和形式方面设计力量的削弱。

接着，反作用发生了。在20世纪80年代，新的一代园林师在悠远的历史中看到了长期成就和美。几乎一瞬间，生态时代的许多教训不见了，取而代之的是设计师们纷纷转向艺术家的灵感和他们在景观环境方面的作品。

然而，这是一种起误导作用的观点，因为艺术与设计不同，艺术始于艺术家内在的紧张感。与此相反，设计则仍是需要考虑众多起限定因素的一种社会实践(有人可能称之为社会艺术)。为了切实可行，园林师们需要考虑的问题就不仅仅是形式和光线了，尽管在艺术作品中这种局部强调是十分容易被接受的。从这个意义上说，艺术家可以发挥园林的研究作用，而设计是一种应用。不错，不少园林师获得了对艺术家的奖励，而人们对跨越传统界线的实践的定义恰当地加以扩展。园林师可以像艺术家那样工作，而艺术家也可以采用设计师的方式。如何划分就取决于使用的方法和涉及的项目了。但是在这个与物质环境不断丧失积极和谐关系的世界中，风景园林的任务是什么呢？[4] 我们为它找了一个实质上的角色，可能作为逃避我们实际生活的世界的手段，也可能成为丰富这个世界的途径。

呈递给园林设计论坛的设计种类形式繁杂，千奇百异。想要从这一大批作品中清楚地确定他们之间的关系和发展方向有如拿苹果和鸡蛋来进行比较。我们专题小组成员审阅的作品范围从欢庆的小型零售环境到居住区小公园的私密空间，到大公司的园区、公园，到想像艺术作品。只有在他们使用到花草树木，或在进行地形改造时，才显示出共同的特点。

有人断言生态过程必然决定自然的外表。另一些人则认为要成为20世纪80年代或90年代的园林就意味着要对已被接受的自然式园林进行加倍地回击。他们利用规整图案和秩序再次控制了自然，约在1989年使园林处于一个新的转折点。[5]

这一问题似乎并不陌生。虽然我们大家都愿意让这个所谓的非形式主义对形式秩序的问题平息下来，可是从风格上看，呈递上来的设计项目却明显展现了这种十分对立的现象。一组设计为了让自然牧场更加绿草如茵似乎把几何学的任何细微迹象都抛之脑后了。有些人想把自然作为一种设计模式；另一些人则认为人工秩序反映了人类的思想和精神，是该走的合适道路。

虽然特点风格千变万化，有的更为自然，有的更为明显地具有图案或雕塑感，但是20世纪末的风景园林似乎可以分为两大类。一部分人拒绝任何人工形式，以此来换取自然的外表。另一部分人则拒绝自然形式——即使没有拒绝它的系统功能——以换取公开明显的人性外表。这又是那老一套的形式主义对非形式主义的分类了——形式主义设计有些目中无人，尽管擅长于形式处理，但却回避生态理性问题：花草树木种成各种形式图案，大量出现的物种单一性似乎将引来灾难性的结局。自然主义的做法同样也充斥着各种问题。杰克逊(J. B. Jackson)把景观定义为人类居住与土地相互作用的产物，我们就生活居住在这样的景观环境之中。但是土地已经不再是自然的了，人类一居住栖息于其中，纯真就消失不见了。这样，问题就成了确定自然是什么，自然指向什么。正如荷兰园林史学家埃里克·德·荣(Erik de Jong)所说："不存在单一的自然"(there is no such thing as nature in the singular)。问题并不那么简单；自然有多种形式。我们有关自然的概念取决于历史与社会背景。[6]

对于被认为是自然的因素也不存在任何简单或单一的应用。考虑到呈交论坛的设计只能在彩色幻灯片上看到，而同它们一起送来的文字说明也非常有限。因此，主要从设计的形式外观方面对它们进行评估也就不足为怪了。当然，这种做法是存在问题的，把园林降低为一种视觉现象，忽视了对人类其他感观和功能要求的感染力。呈交来的大部分作品也不够综合性和条理性。很少有作品能够对当前直接的或更大的背景情况作出判断与说明，表明设计如何更好地融入环境的作品不多见。

虽然设计师们各有说法，实际上不可能接受在某些土地恢复中从生态学出发的所作所为，也不可能以反社会或对所在基地不合适为借口而抛弃一些更注重形式的园林。景观园林的"外观"又能告诉我们多少有关它的正确性和功能作用呢？而一个从生态学考虑的设计是否一定要看起来自然呢？如果是这样，那又为什么？如果一个项目适于人类休闲，那么这个景观环境就不再发挥它在自然状态下所发挥的作用了。需要考虑生态、人类活动、形式和空间以及园艺等多方面的综合项目的可行形式是什么？存在推动当代风景园林发展的更有前途的策略方法吗？

在这些纵横交错、迂回曲折的幽径迷津的交汇处赫然出现了一个大问题：人们是从哪里进入这些设计的呢？包括人物在内的幻灯片少之又少。这种缺乏人物的现象普遍存在，唯一的例外来自更具合作化的园林设计所，他们的图片很像开发者的宣传小册子，其中人们在一起高高兴兴地游玩和购物。我们不应当忘记即使是最规整的庭园和园林设计也都包含有供人活动的场所。史毕罗·考斯多夫(Spiro Kostof)在他的世界建筑史巨著里提醒我们说：建筑同环境和日常事务(即场所和事件)是紧密相连，不可分割的。[7]

我们还必须考虑那些似乎是比较平凡的保养和管理问题。早在20世纪50年代，盖瑞特·埃克博(Garrett Eckbo)就提出庭园设计中的维护问题。他承认当今许多人既没有时间也没有能力和愿望去进行繁重的养护。[8]这一考虑加上对频繁使用的考虑，结果在埃克博的设计中，铺装面积就常常比种植面积多了。

然而，本次论坛评审的大部分设计似乎都在避开养护问题，暗示园林的状态是永恒的，或高强度的园艺是受欢迎的。当然，某些工程项目可能是这样。但是园林是要发展也会衰落的。变化是一切生命系统所固有的，因而自然成为园林设计不同于建筑设计的关键要素。没有几个方案探讨生长或变化，对揭示园林发展过程的时间作用也没有多少阐述。为何如此避开变化问题呢?我们是否必须经常在注重过程的园林设计（这种设计似乎从来没有以工整艺术品的形式出现）或规整的设计(这种设计似乎从不探索程序)之间进行选择呢？这两种方向的融合将为随后造园创造出一片沃土。

我们能够为近期的发展构想出两种可行的方向。第一是继续采用形式上规整的园林概念，也许是从建筑或雕塑的想法，也有可能更接受环境管理的做法。我们建议让花草树木自然地生长发展，而不要去依赖那将招致生态灾难的单一品种种植，也不要去采用那种需要不停地动用铲剪的设计。这种更接近日本式的人工与园艺双重秩序相混合的形式能够创造出一种多维的园林景观。[9]

第二种方法更深入地观察生态的过程，并在其中看到了从艺术界借鉴来的几何式人工结构永远也创造不出来的形式。不仅仅探讨排水、侵蚀、生长、阳光的合理性和朝向、主导风向以及园艺适宜性等问题我们还可以在其中找到园林景观形式的创造者。结果得到的审美手段不仅来自分析，而是分析和理解转化为形式。如果在过去我们利用单一植物的形状、色彩和质感作为种植设计的基础(请想想 Sissinghurst 的白色庭园的单色调、或更常见的玫瑰园种植)，那么我们现在就会注意生态系统的整体工作方式，设计师们不会把这种生态系统作为一种杂乱无章的东西，而是作为一种具有美学和社会思考的园林景观加以利用。

在此之前已经有人尝试过这种做法。吉勒斯·克莱门特(Gilles Clement)在巴黎雪铁龙公园的一块地面撒上草籽和野花种子，预先并没有构想将来会长成什么样。[10]在达尔文进化论的加速作用下，小气候和当地自然条件促使这些种子萌芽生长，在公园整体框架中形成了不断变化的花园。这是一次大胆的实验，在这一实验中，设计者就像教练员一样，必须提供一些必备条件然后让参与者去自由发挥。[11]

哈格里夫斯及合伙人事务所在路易斯维尔和里斯本的滨水公园在很大规模上利用与引导流水的力量，更具体地，规划将具有当地特点的地形与社会活动相结合。[12]在这些案例中，设计师们抛弃了简单地创造一个自然园景的观念，相反，我们进入了一个有控制的超现实地带，在这里所有参与者显得都很熟悉，然而，他们所采取的形式却是新颖的。在这次论坛的与会者中不止一人认为园林不一定要看似自然生态上才是合理的。

为什么要再造一个对今天而言是怀旧的、而且与当前的使用形式格格不入的自然呢？我们不可能再造一个约塞米提(Yosemite)国家公园。相反，随着我们对自然系统以及我们在其中的位置的更深入的理解，是否可从这样的理解来创造园林呢?新的用途、新的尝试和新的因素将决定未来人工自然面貌。一切迹象表明：无论是保存、创造或阐释，他们都将为人们所设计和管理。

注释

1 然而正如社会学家罗勃特·古特曼(Robert Gutman)所指出的那样，这种变化之中潜伏着危机。从传统上看，一个行业是一种同时服务于个人和公共利益的工具。当设计行业的形象只与个人业主的愿望和要求越靠越近时，公众对该行业的尊敬就会减少。详见古特曼的《建筑实践：一种批评的观点》书(*Architectural Practice: A Critical View*. New York: Princeton Architectural Press, 1988)

2 麦克哈格《设计结合自然》(*Design with Nature*. Garden City, New York: Doubledy, 1966)

3 我曾在《形式，改革与美国园林》("Form, Reform (and American Landscape Architecture)")这篇文章中详细讨论过这种倾向(*in Het Landschap/The Landscape*, Antwerp: desingel, 1995)，PP. 37~52

4 见班纳迪克(Michael Benedikt)的《为现实的建筑》(*For An Architecture of Reality*, New York: Lumen Books, 1987)以及垂帕的《在激流中面临解体的岛屿》一文("An Island in the Riptide toward Dissolution", *Journal of Architectural Education*, Vl. 40, No. 2, Jubilee, 1987) PP. 78~79

5 见马克·垂帕的《形态的位置》一文("The Place of Pattern", *Pages Passages*, Number 4, 1992) PP. 128~134

6 德·荣的《需求自然：论生态与园林的重要性》一文(*Nature in Demand: On the Importance of Ecology and Landscape Architecture*, *Archis*, October, 1996) P. 65

7 史毕罗·考斯多夫《建筑史：背景与仪式》(*A History of Architecture: Settings and Rituals*, New York: Oxford University Press, 1985)

8 埃克博的《家庭绿化的艺术》(*the Art of Home Landscaping*, New York: McGrawHill, 1956)，特别是238~245页的论述

9 不同秩序系统的混合或融合在传统日本设计中得到很好继承，见垂帕的《形式的约束：论日本设计中被提炼的复杂性》一文("Modes of Formality: The Distilled Complexity of Japanese Design", *Landscape Journal*, Spring 1993)

10 吉勒斯·克莱门特《运动的庭园：安德烈-雪铁龙公园的艺术》(*Le jardin en mouvement: de la vallée au Parc Andre-Citroën*, Paris: Sens & Tonka, 1994)

11 如果从不同审美趣味来看，这一公园设计作品的褒贬不一。例如在一年中的某些时候，混杂的种植更像一片荒芜之地而不是庭园，但是我们必须牢记的是"运动的庭园"是一座高度手法化的法国公园中的一个"野生"的庭园部分。因此这种小片的荒草通常被认为是人工化的，尽管并不总是看起来很整齐。

12 见《哈格里夫斯：园林作品集》("Hargreaves: Landscape Works", *Process Architecture*, 128, 1996)

都市花园
Urban Garden

地点：New York, New York

设计：Linda Pollak Architect

这个 39 层的屋顶平台位于一座用铝质材料装饰外表的综合性办公楼楼顶，此楼由 James Stewart Polshek 设计于 20 世纪 80 年代。委托人的公寓可从建筑石贴面的两个顶层房屋俯瞰到这个平台。由于这个平台的特殊位置，所以项目中必须考虑到关键的技术限制因素，例如上升气流、在现存的建筑物上进行施工的不便，以及如何容纳笨重的洗窗设备。

地面的布局由石块和草坪构成，并与平台的边缘和它们周围的独特的开放环境相适应。平台是用来观景的，它与城市、河流、公园以及建筑之间自然而生动的联系构成了它独具特色的边界。不锈钢框加强了条石铺装地面的稳定性，框有 3 种宽度，每个框中均种有草。四周的不锈钢种植台里栽植了花和草。

在平台的西边，一座喷泉划分出图书馆和花园之间的界限。步石路从这座发出持续轻柔之声的喷泉旁穿过。喷泉与一个有着和它相似直径的矩形植物墙相互融合，墙上建有 4 个青铜嵌板和两层种植台。

ELLIOT KAUFMAN, LINDA POLLAK

格洛斯特住宅
Gloucester Residence

地点：Gloucester, Massachusetts
设计：Child Associates

这座花园是一对喜爱娱乐的夫妇用来度假的。它位于马萨诸塞州格洛斯特的洛基奈克海港(Rocky Neck Harbor)边一块狭长地带，大小为1/16英亩(1英亩=4 046.86米^2)。这座小木瓦顶别墅的四周非常拥挤，屋旁的两道平行木篱墙从花园两边一直延伸到海边。木墙在内部营造出一个私密花园，它的外部面向广阔海港，视野开阔。

站在屋旁一块低矮的餐台上，人们可以透过一个棚架看到庭院中平整的草坪及其两侧散植的滨海多年生草本植物，往外看去则是洛基奈克港的壮观景象。

花园里种植在餐台四周的铁线莲和其他圆锥花序植物，还有醉鱼草、香陵草、月季和刺槐树，这些树突出了构成海边景观的建筑元素。整个花园就像一个有着绝佳景色的房间——由草坪构成的一小块内部空间仿佛无限延伸到天边。

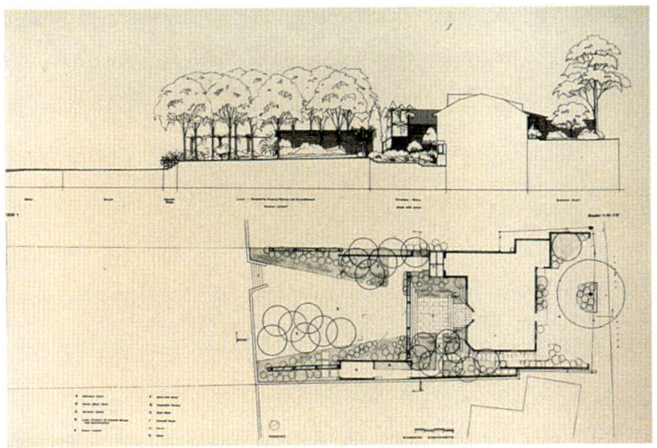

© FELICE FRANKEL

© FELICE FRANKEL

© FELICE FRANKEL

格兰德岛住宅
Grand Isle Residence

地点：Grand Isle, Vermont

设计：Child Associates

这座 80 英亩的庄园位于格兰德岛上的一处地势较高的半岛上，俯瞰着尚普兰湖(Lake Champlain)。它的四周有着丰富而美丽的植被和地形：海岬的峭壁上长着白皮松，布满山毛榉林的斜坡，有着桦树和枫树的沼泽，港湾边际的海滩和草地，还有大片位于高处的开阔草坪。地被植物娇嫩，分布多样而丰富，它们主要由越橘，蔓虎刺和其他蕨类植物组成。

为了将各个不同的部分合理组合成一个整体，我们采用了一个有着最小干扰可能的计划。花园是由观景平台、木板路、汀步以及亭台建筑组成的一个系统，它们将住所与外界和谐地联系了起来。

花园中的木工技艺及建筑构造与周围环境紧密联系，花园的建筑元素使人回想起附近的爱德伦得克(Adirondack)小屋和日本传统山林隐居地。

花园的环游路线的起止没有明确的界定。蜿蜒于泥泞沼泽地上的木板路就像一座隐约而现的小岛没有起点或终点，吸引参观者去探索前面的景色。

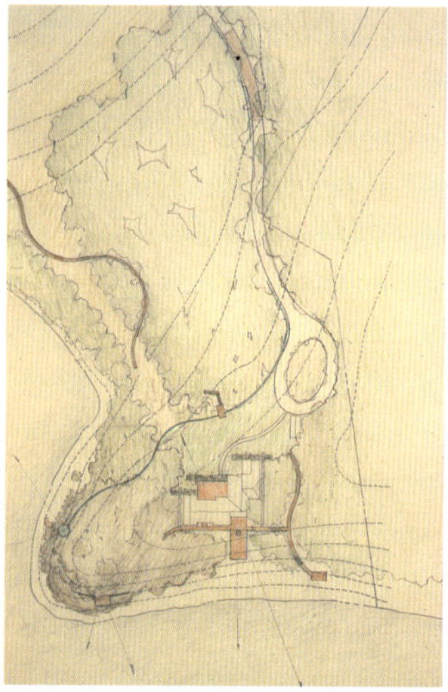

海洋牧场之梦
Dream of the Sea Ranch

一部 56 分钟的记录片

拍摄：Zara Muren

海洋牧场被公认是一件有着独特之处的经典之作，以其对环境的敏感设计而著称。海洋牧场之梦的设计抓住了历史的发展。20 世纪 60 年代以来，这个梦想就是——住宅的发展设计不能仅仅与土地相适应，而且还要与周围自然景观的恢复相结合，并使自然景观更加美丽。可以从设计小组的作品中看出这个美好而又吸引人的地方，位于北加利福尼亚 10 英里（1 英里=1.6093 公里）长的海滩上。

影片上不断出现对园林设计师劳伦斯·哈普林、建筑师约瑟夫·埃舍瑞克（Joseph Esherick）以及后来的查尔斯·摩尔的介绍，并不时穿插着有关他们的风格、绘图以及后来那些实现了的方案的镜头。该纪录片继续探求了在过去的 20 年里，面对经济与政治的双重压力，梦想为什么最终没能实现的原因。该纪录片由国家艺术基金会提供部分赞助。

罗伯托·布勒·马尔克斯的园林
The Landscape Architecture of Roberto Burle Marx

一部 57 分钟长的纪录片

拍摄：Zara Muren

1994 年罗伯托·布勒·马尔克斯的去世意味着现代园林设计中富含创新思想的一段历史的结束。这部影片是这位伟大的巴西艺术家 50 多年的工作和思想的生动记录。通过对他的采访，可以发现他高尚的人格和对艺术的执著追求，也为我们更好的理解他的作品打下了基础。影片剖析了包括科帕卡巴纳景观步行道（Copacabana Promenade）、IBM、伊塔玛瑞特宫（Itarmarity Palace）和门泰特住宅（Monteiro residence）在内的 11 个具有代表性的设计作品。影片着重介绍了了布勒·马尔克斯作品流动而又热情的特质以及它们作为人文景观的生动现实性。影片的最后，布勒·马尔克斯还将会带我们去他的家、花园、苗圃——他许多大胆设计尝试的实验场，还有他的一些已建成的优秀作品。影片由国家艺术基金提供部分赞助。

塑料花园
Plastic Garden

地点：Northampton, Massachusetts

设计：Dean Cardasis and Associates

许多近期的园林设计试验注重于将花园作为理念——隐喻、象征、想像,而忽视了参观者的空间感受。尽管因地制宜的设计和材料的应用使这件作品充满活力，但最终的设计还是关注于园林空间的营建,人们进入其中时，呈现于眼前的是表达明确、划分优美的格调,在激起人们灵感的同时也向人们表达了某种含义。在这里,树脂玻璃、木材、沙砾与塑料镶边的房屋、植物、晨光共同营造出一片清晰的园林空间。

除了孩子们的活泼气氛之外，雇主的邻居们看上去则显得压抑而缺乏生机:由于从使用的角度考虑，要将房子建在半英亩的地块内,现状树林被清除以保证院子的大小一致。业主的房子只有很少的门窗,并完全为塑料所包裹，被置于空旷的场地,与周围显得毫无联系,就像被随意丢弃的塑料玩具那样——塑料花园的设计思想是想将那些已被夷平的林地还给居民。从住所的内部空间延伸出 3 个不规则的下沉台地。这些花园从塑料房子里伸手可触,放置着由植物、石头和木头设计而成的有趣的，随光线变化的塑料板，结果是邻居静态的空间形态与花园的丰富和趣味性的空间几何形态形成了很大的反差，同时塑料房屋与其位置也达到了有趣的平衡。透明、半透明和不透明的彩色面板并置与四周的树林、清晨的阳光、崭新的地板与砾石台地共同营造出花园迷人的入口。

进入塑料花园就好像进入一个奇异多彩的手工折纸世界。花园中蕴含着新的体验:通过色彩,体块，轮廓来重新塑造了室外树林环境、空间分隔及天际线，对家庭和在其中玩耍的孩子们而言，形成了一种精神和物质空间上的双重体验。

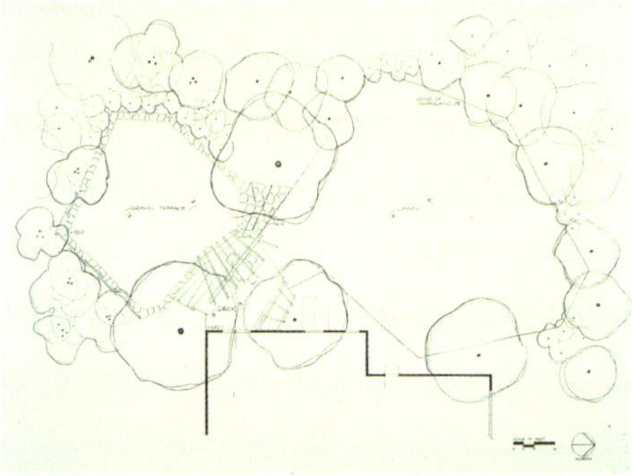

网格和尺度

Grid and Dimension

地点：San Francisco, California

设计：Ron Herman Landscape Architect

这座花园位于一处平缓的高地上，成为一处住所的入口、交通和起居空间的焦点。花园是为一位非常崇拜日本传统园林的客户所设计的。花园的极简主义设计参照了日本京都禅寺里用苔藓和山石布置的棋盘格花园。

青铜用来做成精确网格与禅宗园相呼应。这些网格在庭院东北角变为三维状，并向下跌落。庭院南部尽头的小池塘高于网格。白色南墙上有一面不锈钢门通往车库，它也是庭院日常维护的一个入口。一面孤立的玻璃墙与青铜镶边的水池相交，作为一面日式屏风。水从池边溢出，发出潺潺的水流声。

这座花园使用了3种植物材料：苔藓、蒙都草和竹子。竹叶使人回想起日本传统文化，在邻居家大片白墙的映衬下显现出雕塑感。

通过应用多种反光的表面，设计者试图使花园产生一种空灵感。明快的线条和细部给花园带来了优雅的感觉。

MARK SCHWARTZ

MARK SCHWARTZ

低语的小溪
Murmuring Flow

地点：Southwestern Connecticut

设计：A.E. Bye, Janis Hall

康涅狄格州西南有着起伏的山岗，裸露的岩石，溪流和许多池塘。该地有一处 8 英亩的住宅区，其中有着一座乔治亚风格的红砖房，为这个住区设计的景观是一件因地制宜的雕塑品，它把溪流引入该地，但现在溪流已莫名其妙的干涸了。红砖房一端的老墙围起的花园里杂草丛生、其几何图案依稀难辨。

参观者可以沿着成列种植于房前的红豆杉走向花园大门，边走边映入眼帘的是巨石和卵石。尽管有些突兀，但这些石头看起来与这里还算和谐，它们重新限定了花园的尺度。并没有水真正流过这里，但是有两条象征性的汇聚溪流存在，第一条由置石组成，它们延伸到房后约 300 英尺的地方，另一条由种植在房前的 150 英尺长的紫杉林带组成。

随着“低语的小溪”向前延伸，它与台地，草坪以及整齐有致的树枝相接。这一雕塑最后到达一处树林，树林有一块洒满光线的狭长空间。从屋中看去，设计中每个元素都变成了房间的一部分，它们随着山顶和这个雕塑而延伸。

展开的风景
Unfurlings

地点：Eastern Pennsylvania

设计：A.E. Bye, Janis Hall

对于坐落在一度是 250 英亩农场上的 25 英亩地块，雕塑家 Janis Hall 希望他的设计尽量减少对该处特质的影响，这样做需要移走易碎的混凝土墙，装饰鱼塘、奇异的植物以及年久失修的游泳池。伫立在房屋后面的山岗围绕着这块场地并蜿蜒向下到达一条街道，街道控制着整个场景。在对地面进行了大量的改造后，设计者创造出了一个生动而略有起伏的山岗，从山顶开始，又布置了蜿蜒醒目的围墙、池塘、坐憩区、植被和主人的住所。

山岗下 3 面曲线石墙把房子围合起来，同时也分隔了现有的网球场，并限定了池塘区。树木打破了平坦的地面和蜿蜒的石墙，投下浓阴。蜿蜒的石墙和 150 英尺长的低垂的山毛榉树林使池塘更加美丽，它围绕在山岗旁，就像是蜿蜒起伏的大地、墙和树林之中的一座小岛一样。

现在这里和乡村农场的广阔景色相连，并一直伸向远方。

© JANIS HALL

© JANIS HALL

私人住所
Private Residence

地点：Miami, Forida
设计：Raymond Jungles, landscape architect
Debra Yates, mural artist

Raymond Jungles 和 Debra Yates 想建造一个花园来展示他们的绘画和园林设计。原有的水池被改造成礁湖的样子,在白天显得非常宁静。规整的水池区被切割成更小的有机形状。这样使弯曲的小径和有趣的平台院落围绕或穿插在水池区。为了显得更加自然，花园的种植非常茂密，使主人感觉就像置身于巴西的热带丛林中一样。

设计师介绍了室内布置的植物,它们能够吸引蝴蝶,产生香气。遮阳棚、绘画以及摆放的一个雕塑般的叶子花花架呈现出强烈的视觉印象，它赋予住宅以与众不同的个性。主导内部空间的艺术在花园里重复显现。使内外浑然一体。

Jungles 在 1979 年遇见罗伯托·布勒·马尔克斯,从 1982 年开始,他每年至少去访问布勒·马尔克斯一次，和他一起工作旅行和进行植物搜集探险活动。Yates 在外墙上作画，很像马尔克斯在他的花园里用瓷砖镶嵌出的抽象图案。Yates 的大多数作品尺度都很大，所以这些作品对花园来说非常合适和自然。她按照原物比例来放置她的作品,作为创作过程的一部分，装饰材料都是艺术家亲手挑选的。

伊斯格住宅
Isgur Residence

地点：Woodside, California
设计：Jack Chandler and Associates

花园占去了一大角，它被设计为一个戏剧性的户外娱乐场所,同时也是展示主人户外艺术收藏品的陈列橱。原先具有牧场风格的房子被建筑师马克·麦克(Mark Mack)修饰一新，他在房子中间插入了一个鲜艳的橙色立方体。

设计建造后房子的抽象立体主义特征与原先完全不同，设计师将建筑物的色彩及其粗犷的水平线条加以抽取,同时加入了垂直元素。

用作前院的旧胡桃木果园的中心是一座喷泉水池，水流从橙色基座上的三个泡泡泉喷出。泉水汇聚成流,跌落到露台上,流入一处 4 英尺深的回音壁处，回音壁放大了跌水声。楼上的主卧室中可以听见喷泉声,足以遮盖过往车辆的噪音。近处的台地种植着橄榄树、薰衣草、血草和喷泉草等植物。

在后院，一座喷泉成为新的焦点。它离房子很近,位于一个新花架旁边。水池侧面是一堵跌落的矮墙,池中 3 英尺见方的花岗岩石块从中间裂开：那些从花架下溢出流往两条渠中的水从裂缝处欢腾而过流入池中。这些水渠后又重新汇聚穿过草坪，最后流入一个 6 英尺宽的水池。耐阴的植物,包括杜鹃花、蕨类植物和日本海葵就种在原有树下；另一块区域以多年生植物和装饰草坪为主。香草种在厨房旁边,格状的篱笆墙后是一个玫瑰园。

© RAYMOND JUNGLES

1234 号花园
The 1234 Garden

地点：Berkeley, California

设计：Chip Sullivan

这座花园沿着一条主轴布置，主轴将一座1923年的工匠的平房分为两半，并以一个框出错觉画派风格庭院景色的花架作为视线终点。设计参考了流行于波罗米尼在罗马的斯巴达宫殿所用的错觉透视手法。由于花园很小，所以许多不同的梦幻般装饰融合在一起：花园的中部被分成许多不对称的小空间，由一系列填满彩色砂砾的花坛构成。放置的反光球体扭曲了其中的景象。从工作室的坐位上，设计者就可以看见外面的玻璃球以及随着一天中光线的不断变化而反映出来的花园的不同景象。花园中部、错觉画派风格部分的两边是花园另一个重要的透视点，它终止于一面镜子前。当从花园中的工作室和某个特殊位置看时，它们幻化出一种（比现实）大得多的景象来。柏树强化了花园的中轴线，而花园通过其内部互相连接的线条、图案和耀眼的色彩对比变得生动起来。

墨西哥之鲸
Mexican Whale

设计：Javier Senosiain Aguilar,
Espacio Integral

这座房子的设计概念源于一个人对空间、历史根源、文化和建筑传统以及与自然相和谐的追求。石雕工艺的立面使人联想起古代西班牙。外部彩色的瓷砖表面显现出一幅鲸鱼跃出海面的画面。这个设计极具古西班牙的建筑特色：巨大的体量和浓烈的色彩。花园的私密区和会客区被设计成胚胎的形状，并且被一条走廊分割开来，走廊营造出了一个开放的、和阿拉伯庭院相似的中庭空间。

绿色之屋
Green House

设计：Javier Senosiain Aguilar,
Espacio Integral

这座房子的设计思想是创造两个空间，一个非常明亮拥有充足光线，用于烹饪、用餐和娱乐；另一个则被设计成阴暗，封闭的空间，用作晚间阅读和休息。两个房间通过一条狭窄的通道相连。这座朝南的房子半埋于地下，从外面很难看到。参观者只能看见一些覆盖着树和植物的用于休息和思考的绿草坡，而对余下的部分产生无限遐想。在花园里散步就像是不知不觉中在屋顶上散步一样。

没有透视灭点的花园
Garden Perspectives without Vanishing Points

地点：Santa Ana, California

设计：Ruey Y. Chen

花园设计的思路是利用熵的方法，在有限的场地中展现更大的景色，使花园中有序与无序能和谐共存，庭院内外的相互渗透是成功统一它们的关键所在。花园内部环境本身也提供了一个广阔的想像空间。

折角的墙壁营造出一种没有灭点的透视，有着一种进深莫测的幻觉。轻微荡漾的水面更增加了池塘的流动感与声响。

柏树布满了白色的梯形种植园，将花园水平延伸到远处西面院落。

从楼梯顶端垂下一片从邻墙爬出的绿色蔓性植物，它爬过楼梯，聚集在花园中央的植物丛中。这个不规则的动态设计打破了草坪的静谧，有着一种梦幻般的流动感。

私人住宅
Private Residence

地点：Southern California
设计：Rios Associates

这一个 2.11 英亩的住宅项目位于南加州山脉中一个朝南的峡谷中，包括不易处理的公共设施通道，戏剧性的地形和狭长的布局。这些特质也是这个设计的催化剂，客户希望建立一个户外空间来表现并增强他收集的当代雕塑品的感染力。

花园的传统部分显得比较突出，包括边界地段、四季园、碎石路和石墙。顺应了场地的不规则形状，而超自然的比例从远处看来非常醒目，而且色彩也显得很简洁优雅。

房子从台地"湖"中现出，湖始于建筑底层的凉廊。细细的水流从每层台地跌落而下，最后流入最低层台地上的碎石小径中，然后通过专门设计的生物循环过滤系统的过滤，重新流过走道旁的碎石。

通往湖东面的楼梯对面是草坪和一座理查德·塞拉(Richard Serra)用弯曲的钢板做成的雕塑。草地西边的游泳池隐于台地之中，一块天然岩石裸露在地面。湖西碎石步道围起有着田园风光的花园，并紧挨着悬崖的陡坡。陡坡顶部的矮石墙将柑桔树、香草丛和温室围了起来。

园林景观的设计旨在创造一种可居住的艺术，设计思想和功能都是很有价值的，不能偏废。这个设计探索了建筑、艺术和园林景观之间的关系，并扩展了这三者在作用、形式、材料方面的选择余地。

PHOTOGRAPHS BY D. VORILLON

米拉弗罗尔
Miraflores

地点：Fairbanks Ranch, California
设计：Ron Wigginton/Land Studio

米拉弗罗尔的场地设计、规划以及其中的草花带和各种树种都典型地再现了圣迪亚哥"海滩至山脉"型生态系统的地理特征——从棕榈林到郊区大草地到森林。大地工作室的目的就是要设计一套住宅方案，以展现独具特色的南加利福尼亚的魅力。

房屋布置在这个地块的后部以产生一个壮观的入口体验。从街道开始，这个入口景观就会创造一种令人无比期望的感觉：远隔的房屋，气派的车道和一条林阴小径，导向房屋的一大块草坪，还有自备的可让车辆出入庭院的通道和书房。我们在大门前种植了两排高大的华盛顿槟榔以标明入口，同时使其向内延伸，把房屋和风景自然地连接起来。

自由种植的浓密的桤木林贯穿了整个地块。这片浓郁的密林展现给房屋一个迷人的开放景色，同时它还被用来遮挡繁忙的宾客停车场；客人们将沿着流畅的草地来到房屋前。

在房屋后有南加州人必需的游泳池和疗养浴场，它们在房屋前沿着书房和车辆出入庭院的通道而建，这是一个允许泳池今后加长的有效方案。这片亚热带风景成为房屋与现有的桉树林之间自然的联系。

流动着的石园
Floating Stone Garden

地点：San Francisco, California
雕塑院设计：Suzanne Biaggi
庭园设计：Rik Barr

这个庭园为城市中令人疯狂的躁动创造一片沉思的宁静。在这个小后花园中有一个花岗岩雕塑小院作为其整个视觉焦点。石头上苔藓和地衣因年岁久远而产生的光泽也见证了石头被遗弃在采石场 80 余年的岁月。水轻轻流淌到养有鱼和水生植物的池塘中，那轻轻流淌的声音更加衬托了这片园林的宁静。与庭院的单调相对照，穿越珍稀植物园到一个可供坐憩赏景的花岗岩长凳处，其中的园路把庭院装点得更加丰富。草坪也给人湖水般的感觉，凉爽而宁静。

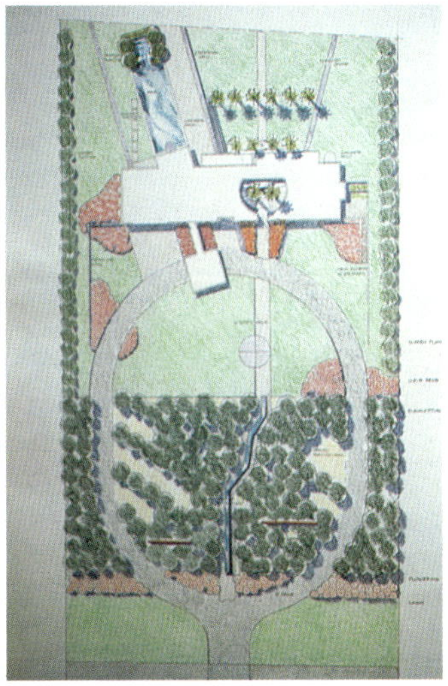

格雷花园

Garden Geray

地点：Hohenlohe, Germany

设计：Bernd Krüger, Hubert Möhrle

这个私人住宅位于德国西南部，那里丘陵起伏，有很多葡萄园、古城堡和历史上有名的宫殿。这块地现归舍瑙(Schönau)所有，它建于1780年，其间经过多次改造和扩建。据史载，这块地曾属于神圣罗马帝国的路德维格·弗里德里希公爵和霍亨洛埃公爵，后来霍亨洛埃和纽恩·斯坦因公爵把它遗留给当地镇长及英霍夫土地经营人弗里德里希·威尔赫姆。

现在的主人是该家族的一个朋友，他投入大量精力来改善花园，并用现代设计手段重新诠释它悠久的历史。该花园主要设计思想是尽量在主要庭院和其他建筑周围避免零碎布置，以增强布局的整体性。

花园里随处有休憩的场所，为在别墅观赏风景创造不同体验。尤为重要的是该园移去一大块松树篱后呈现出来一片开放性景致，它把周围的向日葵、玉米和庄稼等农田景观引了进来，它们丰富的季节性变化增强了人们在花园中的景观体验。

自然石块被用来界定不同区域。在一些小园区内藏匿着用黄杨灌木篱、紫杉和玫瑰装点的巴洛克花坛，还有一个草本植物园和一个鱼池。

格林伯格住宅

Greenberg Residence

地点：Los Angeles, California

设计：Mia Lehrer, Scott Sebastian

在这个周围林木茂盛、建于20世纪30年代的建筑里，居民们已住了多年。他们终于决定推倒这座老房子，建一个更宽敞、适于娱乐并可展示他们艺术收藏品的新居住楼。但他们并不想失掉这片花木繁茂的风景，尤其是许多生长近60年的高大树木。这就给新建筑提出难题，要求它既要填平大部分场地，而且还要进行大量的重新平整场地。

解决办法是采用景观设计，把施工分成两个阶段。首先是园艺施工，移植高大树木，其中包括成熟的珊瑚树、兰花楹、龙血树和80英尺高的棕榈树。有一些树移植到离住宅墙体仅几尺之遥的放样桩线处。大树定位十分谨慎就像布置雕塑一样，成为将建的建筑窗户、平台和阳台与风景之间特殊的联系纽带。其余的植物在近两年的建设中用箱子包装、存放起来。

建筑由墨西哥建筑师莱戈雷塔设计。其建筑语言主要体现在高大的围墙上，用它们来界定空间。园林设计师建议把墙体从建筑中延伸出来，创造不同尺度的室外空间。一些墙体由块石和灰泥简单合成，另一些用作树篱。各个空间装点完全不同：入口庭院是一片沙漠，只在入口轴线上有一排棕榈和靠墙处有一簇龙舌兰；沿建筑一边，有一条通道蜿蜒穿过一块自然式草坪；在后院，草坪沿四个非常平整的台阶延伸到池塘；卧室一翼是几个神秘的小花园：一个玫瑰园，一个山茶园和一个种有多种花木的路堑式庭园。

新门 1986–1987
Newgate 1986–1987

地点：San Francisco, California

设计：David Ireland

“Ireland 开始尝试设计室外公共空间，如位于圣弗朗西斯科海湾堪德斯蒂克岬（Candlestick Point）的新门 1986–1987。它原先为一片废弃地，现正被重新改造成州立公园和休闲场所。基于环境的混乱无序，Ireland 创造了一个壮观的雕塑性景观，给环境注入了活力。他充分利用散弃在地上的混凝土碎石板，用它们构筑成两面巨大的石墙，这两面石墙逐渐汇集成一条通向“永不妥协”之湾的狭窄通道。新门在周边的荒凉与混乱中突起，讲述着原始的伟大，令人不禁想起它的同名物——纽格兰格(Newgrange)——一个爱尔兰石器时代的墓地，它由 4 000 吨岩石构建而成。”

——Karen Tsujimoto

“Ireland 的这些墙体与人们的身体和感官体验互相联系、互相作用，同时也对它周围的物质环境产生影响。它们呈现出邀请的姿态甚至有些诱惑人，而且可以步入其中。它们大部分用一些具有讽刺意味的反语和双关语来讲述社会历史、现存社会状况或引用历史和艺术史。这一切极大地改变了它们所环绕与所在的空间及整个环境长廊。它们中绝大部分作了一定程度的光处理。当然，材料、运动、密度和被认定的‘Ireland 氛围’(用照明和叙述性故事反映的其作品内外空间)等是 Ireland 大部分作品的核心内容。

——Leah Levy

沸腾，平衡，进入另一个世界的窗口，超越平坦大道
Boiling, Balance, Window into Another World, Beyond Fairway

地点：Shfaim, Israel

设计：Tanya Preminger

以色列艺术家 Tanya Preminger 在 1989 至 1996 年间创作了“沸腾”、“平衡”、“进入另一个世界的窗口”、“超越平坦大道”四个主题作品。Preminger 的作品用自然材料通过多种艺术媒介，如雕塑、景观艺术、装置和照片。她在以色列举办过 16 次个人作品展，41 次在以色列、俄罗斯、朝鲜、日本、美国和 5 个欧洲国家参加集体作品展。

在这些作品中，Preminger 用的素材是泥土、草、镜子、玄武岩和黑色大理石。她说：“每个人都是通过自我，空间和时间来表达自己。我的素材取自于天地之间，思维介于严肃和嬉戏之间。我身处东西方之中，穿梭在过去与未来之间。”

栖息地 II
Habitat II

地点：Istanbul, Turkey

设计：Suzy Hug–Levy

人们一直在问自己，他们从哪里来，他们是谁，他们会怎样。世界上那些逝去的和今天仍旧活着的人们，因为种种原因，或被迫或自愿地离开了他们的祖国。看来似乎我们这个世纪仍旧是个放逐与流浪的不安定的世纪。栖息地 II 构思由此产生。

这个作品包括 3 个部分：一部录像机，一块地毯和一个设置在路面被泥土覆盖着的雕像。这块用生长在棉布和塑料上的扁豆做成的地毯，放在正开着的录像机和扎根的雕塑间。它讲述的是，人们落地生根，渴望发掘另一个自我和这片被迫离开的土地。

非洲纪念墓地
African Burial Ground Memorial

地点：New York, New York

设计：Jeanine Centuori,
Karen Bermann

助手：John Hollo, F.W. Weak

这个在非洲墓地纪念碑设计竞赛中一举夺魁的设计方案，是用来纪念那些无名的、被人遗忘的、18世纪的非洲人和美籍非洲人的，这些人曾在早期的曼哈顿联邦政府办公大楼的建设中做出贡献。

这个传统的非洲墓地设计是“一个洋溢着活力的魔方”，一个可以让活着的人与死去的人对话的窗口。先辈与后人，历史与未来，都可在这个地面上相遇。这个方案改变了原有的混凝土人行道形式，取而代之的是由混凝土和其他材料混合制成的新型方格板走道，这些都是纽约社会各界人士——包括艺术家、作家、附近的组织机构、学童等人捐赠的。

每个混凝土方格都镶嵌一些富有装饰性和象征意义的物体和文字，这些文字超度死去人们的灵魂，并传达了美籍非洲人对传统的西非墓地、城市墙壁上涂画的图文和被褥等的感受。现有的金属镶边石将会装上刻有参与者姓名的金属板。那些下水道井盖上也将刻上铭文，“非洲墓地——在非洲墓地中穿梭——通过大地交谈”。

三个广场
Three Squares

地点：Bergen, Norway

设计：Arne Saelen, CUBUS Architects

在卑尔根(Bergen)一个新近设计的街道中，传统的细部设计在铺装材料、墙体、花岗石压顶和路牙中得到体现，它们都很好地满足了来自于轮椅、手推车、阴窖、树木格栅、条凳和雕塑等的种种需求。

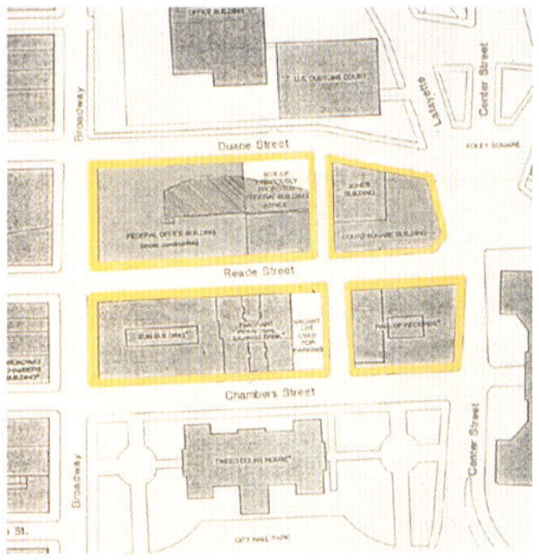

停车表演
Parking Performance

地点：Sacramento, California

设计：Heath Schenker

园林设计师们经常要处理一些有关汽车的问题，因为它们控制了城市和非城市环境中许多景观。最常用的停车场设计便是遮掩汽车，但是在 1987 年 3 月 1 日举办的停车演出中，充分利用了汽车实用而非虚设的事实，巧妙顺应而非违背地处理了汽车问题。

这个方案把大量的汽车按照预先安排好的色彩图案停在一个空旷的停车场上，然后专为汽车喇叭“配曲”，使汽车在“音乐演奏”中变成一种视觉构图和乐器。汽车喇叭中的配乐又名“鸣笛组曲”(toot suite)，包含了第一和第二乐章，这使人不禁想起那些节奏感很强的舞蹈变奏曲。第三乐章是即兴曲，它令人联想到婚礼的进行、新年除夕夜和交通阻塞等种种情形。

在这个大型停车场展示中，汽车沿与原停车位成 30 度角摆放。这种图案在形式上与城市街道和农田相呼应。从高空中看具有极强的可视性，使得停车演出成为未来可视性空间艺术的一种形式。但是这个作品的目的是为了给观者一种双重的景观感受，另一种视角以及对这种特殊图式与行为与人们通常对汽车的看法对比的关注。

© HEATH SCHENKER

穿越逆水之河
Traversing Reverse Rivers

地点：Annandale-on-Hudson, NY

设师：Mara Adamitz Scrupe

穿越逆水之河是一个具有场地特色的临时项目，于1995年夏建于纽约哈德逊河上的Annandale的巴德学院校园内。这个作品由1 000个塑料紧急储水袋沿着一条废弃的道路铺设而成，它总长约300英尺、宽40英尺，里面隐藏着电线和7瓦的电管照明，可以部分看到哈德逊河。储水袋里灌满了从哈德逊河抽上来的水，然后运到离河数英里远的场地。水袋铺设之前先设计好照明部分然后沿着场地安装。

光通道
Light Passageway

地点：St. Louis, Missouri

艺术设计：Anna Valentina Murch

园林设计：Austin Tao Associates

光电工程：Bob Banashek

光通道是圣路易斯整个地铁系统内照明用的一序列光景和陈列窗景。火车离站后，向南，可轻易瞥见"花园光井"(garden light well)：太阳光透过高大稀疏的林木树冠，洒落在下层野生的开花乔木、灌木和成片的蕨类上，这些成片的蕨类植物构成郁郁葱葱的绿色地面；向北，可看见用两层不锈钢网隔离、隐匿起来的停车场，这些网眼编织成一幅闪亮的波纹图案。

火车随后穿过一条被四块空地分割的狭窄、黑暗的封闭通道。就像电影里的镜头一样，出入口处五彩缤纷的照明荡涤着黑暗的墙体和沿隧道北边的公共设施管道。穿过隧道，又可看到另一个"花园光井"。在这，一排倾斜的支柱上布满很多玻璃珠，标志着种植景观的边缘，也预示了南面琥珀红玻璃景观和北面明亮的蓝色玻璃景观的开始。一边红色一边蓝色的色调设置给途经于此的乘客们留下深刻的印象。

这一硬质景观使用了16万磅废弃的、色彩丰富的艺术玻璃制品(通常不再循环利用的)和高效节能的照明，从而形成一幅水晶般玲珑剔透的风景。这段"光通道"之旅最终以一段现有的石灰岩隧道墙结束，隧道的墙上闪耀着暗石榴红和明亮的蓝色玻璃的光泽。

母亲运河
Mother Ditch

地点：Los Angeles, California

艺术设计：B.J. Krivanek

编舞：Heidi Duckler

作曲：Robert Fernandez

曾经作为城市生活命脉的洛杉矶河，现在已被挤缩成一个大水沟。它被石块衬砌或完全掩盖在混凝土盖板之下，从文化丰富的城市居住区和工业区中蜿蜒穿过。

在运河边阿特沃特村附近，“母亲运河”是一个不同专业人员演出的场地，其设计是为了结合运动、声音、观赏、文字和唤起隐喻的河流以表达被忽视了的邻里社区。如同运河逐渐被人工化而丧失个性一样，洛杉矶这个大熔炉也正同化着各式各样的外来者——墨西哥人、日本人、亚美尼亚人，这些不同的社区固执自我，拒绝文化同化。

在探索运河（水流）和移民（人流）的关系中，视觉艺术家 B.J. krivanek，舞蹈艺术家 Heidi Duckler 和作曲家 Robert Fernandez 决定把这块运河场地变成为一个模糊抽象的景观。他们与舞蹈家、登山员、沿岸居民、一些瑞里印地安人、小船上的一个小提琴家、一个宗教唱诗班和包括哈里-戴维森和戴夫手风琴学校在内的格兰戴尔俱乐部当地各种组织，一起把各种运动和声音融汇在夜晚景色之中，巨大屏幕上投射的文字象征着一个已消失的文明，成了夜景中的主角。这种场景反映了怀旧的记忆与当代城市现实之间极大的两极分化。

观景
Seeing Around

地点：Halifax, Nova Scotia

设计：Andrea Wollensak

Wollensak 是一个纽约艺术家，她在访问哈利法克斯（Halifax）的新斯科舍艺术设计学院（Nova Scotia College of Art and Design）时，在安娜·雷欧文斯美术廊（Anna Leonowens Gallery）的墙体上设置了7个用钢铁焊接起来的盒架。每个构架支撑2张全息感光片板，上面刻有人体骨骼及文字。这些感光片每层厚5英寸，当游人透过第一张图片辨认浮掠在其后的第二张三维图像时，这些图片就会产生一种隐约抽象的效果。在地面上，政府发行的哈利法克斯市航空图片放在一排排半英寸厚的平板玻璃底下，在这些图片中明显可以看到哈利法克斯标志性的历史上的城堡战役、海军舰船和空军军事基地。安有滑轮的黄铜测深锤用丝线悬挂在图片上方，它两边对称平衡，以便观者能自如地升降它们。这些悬在空中的标志性装置被视为战略导弹，假如它从脆弱的丝线上断落时，便会掉下并砸破下面的玻璃，隐喻攻击下面的军事装备和设施。

Wollensak 强调了这种“消失的美学”，当人们凝视的视线有微小的偏移就会使得全息图片消失，这样航空摄影图片要素真实反应了与哈利法克斯经济密切相关的军事工业背景。她构筑了前数字化的、无电子的环境，以迫使观者给每一部分的进入点准确定位。观者必须站在这些图片的正上方，以便通过厚厚的玻璃层完全观看到这些放大的景象，然后来回移动视线，仔细观察两层感光图片在互相调整定位时的映像，他们会发现三维的人体骨骼图像时隐时现。

——Peter Dykhuis, *C Magazine*

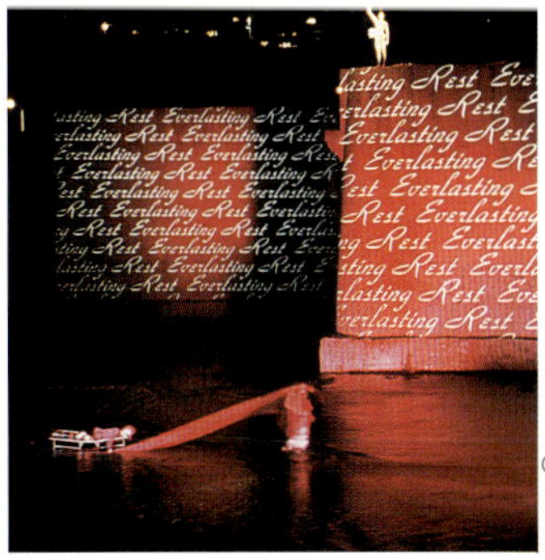

PHOTOS © B.J. KRIVANEK

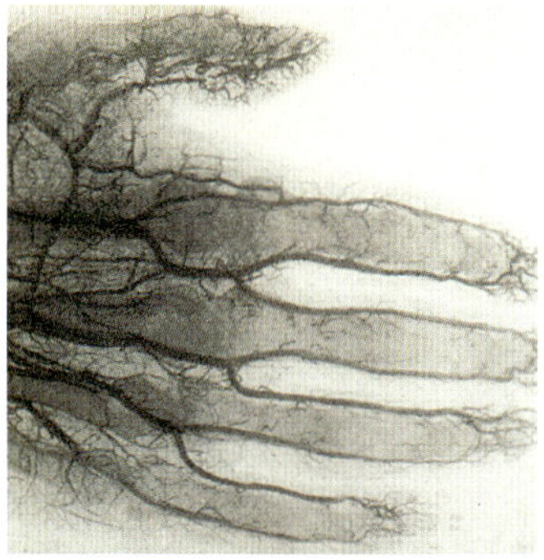

岛屿文化——一种独立与包含的雕塑探索
Island Culture – A Sculptural Investigation of Isolation and Containment

地点：Boston, Massachusetts

设计：Wellington Reiter

岛屿充满了不可思议的魔力——它们的独特性便是一种纠葛、幻想和浪漫的思维源泉。通常这种场所的经历与场景在陆地上是不可能、不要求或不允许的，而岛屿具有独立性，为无数的艺术家和作家提供灵感。波士顿湾岛便具备以上显著的特点，虽然很少被看到，但这些卫星岛屿区对城市的发展却是必不可少的。

用博物馆术语来说，这些岛屿完全是人工的，是为了在空间上隔离周围环境的躁乱。绝非偶然，这些岛屿也体现了一种文化，一种把艺术从日常生活中提炼出来的文化。但是尽管这些岛屿在颂扬着文化，它们却经常被社会所忽略。同样，波士顿岛屿也并非与众不同，岛上的建筑不断诉说着存在于社会中的恐惧、偏执和一种控制欲。

和这位艺术家以前的作品一样，这些岛屿文化把自然和人工环境的问题带进艺术馆里，诠释了一种独一无二的空间理念。虽然基于真实的历史和地理条件，这个作品的焦点主要反映了在艺术和城市尺度下的共同主题的处理。例如，岛屿文化似乎证实了 Brancusian 两个观点：1）雕塑可望在工程中找到新的价值体现（例如，波士顿湾鹿岛上的新型污水处理厂令人联想起巨大的蛋）；2）基座绝不是一个毫无内容的支架。

触摸
Touch

地点：Katonah, New York

设计：Jeffrey Schiff

这个安装在卡多纳艺术博物馆庭园中的装置围绕触摸制造了一种仪式，观者与环境接触的一瞬间创造了纯净的触感体验。触感装置是建在砂石上的一平板，旁边有一棵挺拔的松树，在平板上装有一些必需的支柱和设备，以使触感更加仪式化。这个项目主要包含了两种截然不同的感受：一是用左脚底去感触砂石地，另一是用右脚触感树干。首先，游客脱去左脚的鞋子和袜子并把它们放在一个设计好的盒子里，然后走到这个装置的左边。左手抓住扶手，右脚掂起，然后把光着的左脚放进一个孔洞里去感触下面的砂石。当左脚踩下去时，同时把右手放在旁边的一个碗里，去触感里面光滑的卵石。为激发右脚感受，把光着的左脚轻轻地在光滑的卵石上摩擦，然后游人便能在垫起的平台上得到放松。当游人两手抓住扶手并用力拉，推动平板车轮前进时，游人便可用右脚透过保护树干的围护上的孔洞去直接感受树皮的质感。

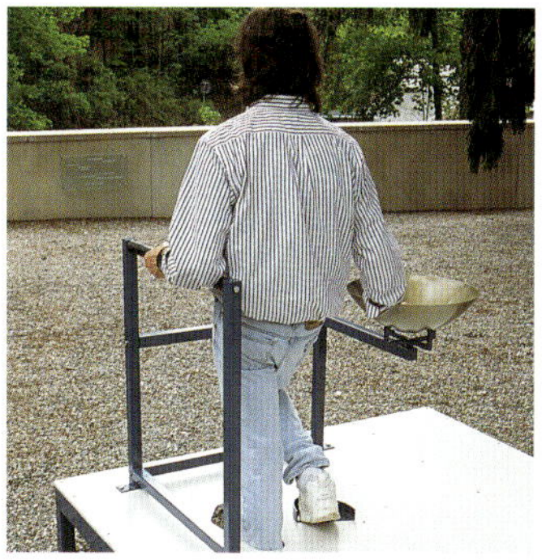

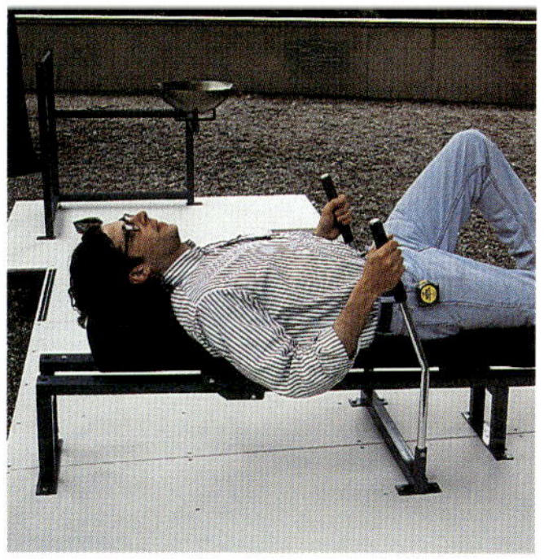

两个将地面抬升到空中的方案
Two projects that lift the land up into the air

设计：Luis Vera, Jenny Schrider,
Charles Doherty
Vito Acconci & Studio

建筑上的公园
Pack up a Building

地点：Santiago de Compostela, Spain

这个临时作品安装在西班牙的阿尔瓦罗·西扎的当代艺术展览中心，两种类型的公园单元悬挂在大楼的侧墙上。一个单元由金属地板及其上面两侧对应的坐凳组成;另一单元则是一侧有坐凳一侧是用粗麻布半球包着根的树木。从每块地板下面透过来的光线照射着这个公园。连续的台阶将这两个单元连接了起来,而且每个相邻部分都相差一个台阶的高度。参观者游览此公园时要沿建筑的侧墙爬上去。此类公园适合于各种不同高度的建筑物。

飞行公园
Flying Park

地点：Dayton, Ohio

莱特兄弟出生地德顿市南大门项目，是一个以纪念飞行为主题的公园。一个由钢架支撑的狭长平台沿交通岛中心逐渐升高，并跨过两侧道路上的电车电线到达两侧人行道。这个构架类似于飞机的机翼及尾翼,它支撑着这个公园,从下面的人行道通过混凝土楼梯可以进入。机翼与尾翼周围的步行道围成一个抬高的花园,花园由铺地、树木、坐位构成,从内部照明。在每个机翼的末端装有一个闪烁的灯；在它底下装有喷雾器，当喷雾时整个公园看起来就像在云中飞行。下面的一排灯就像机场跑道上的导航灯一样沿条带整齐排列。

两个水陆结合的方案
Two projects that mix land and water

设计：Luis Vera, Jenny Schrider,
Charles Doherty
Vito Acconci & Studio

荷兰的足迹
Laakhaven/Hollands Spoor

地点：The Hague, The Netherlands

在海牙的荷兰足迹的初步方案中，滨水开发包含了一条穿过大学校园、政府机关、商店和私人住宅的U形水渠。营建充满生气的公众空间使得开发项目成为一个新的城市中心。

陆地漂流在水中,被水掠过时就像暴风雨中的海轮。整块陆地被水一分为二,其中一块再被分为二,如此反复。(在需要畅通的地方,被分割开的陆地之间的水沟盖上栅栏)。当陆地分割出去时,高低不一,有的沉于水中,有的高出挡土墙,形成瀑布。

格里弗特公园
Grift Park

地点：Utrecht, The Netherlands

在乌得勒支格里弗特公园的方案中，格里弗特河与一个抬高的池塘交汇。在不同水位之间的交汇点处，如果地面承受不住水的冲击就会“开裂”。在坡顶道路被分开了,一个瀑布倾泻而下。水上的格栅使步行道畅通。游客可行走于溅起的水花中,夜晚时分,灯光从格栅下射出。在它下方斜坡中断并且当水流弯转向河流时逐渐平缓，步行道也顺流而设。

记忆之河
Mnemonic River

地点：Massachusetts

设计：A.E. Bye, Janis Hall

在记忆之河，泥土、空气和水儿乎难以分辨，梦境、凝思与感受交融。

设计的第一步是去掉河边低洼地与草坪之间的障碍，将洼地作为河岸，草坪作为河流。树木集中种植在岛上，使人更加不能分清河水与土地。

房后地面是平缓、干枯的河床，唤起人们对河湾的记忆，起伏蜿蜒的形状与格里特山相呼应。起伏的地面和河湾地表面展现着光影变化。

顺时针:春天下午,秋天早晨,秋天傍晚,冬天早晨

PHOTOGRAPHS © JANIS HALL

富足和贫乏
Abundance and Scarcity

地点：Marylhurst, Oregon

设计：Fernanda D´Agostino

富足和贫乏是一项关于食物的调查研究及思考——作为一种粮食作物的食物的成长,进餐时人们围绕食物而聚以及我们对于食物不同的文化态度。它是食物作为人与自然紧密联系的说明。通过食物,我们与土地和季节及反复无常的天气紧密地联系在一起。食物也是作为人们相互之间最能达到普遍共识而将人们联系在一起的东西之一。虽然大部分人还未认识到这一点,但饥饿是我们都知道和害怕的东西。

设计师的祖母经历过大萧条年代,她了解自己一生的事业和艺术来自于解决人们的温饱。记住那些创造食物的人们,无论是厨师还是那些设法使人们得到食物的人,这就是该作品的灵感之一。其他灵感来自于谷地、木屋、谷仓和秣草棚,那里曾是设计师儿时在宾夕法尼亚州玩耍的地方。她想再现当年穿过麦田或在打谷场谷堆中穿梭时身心的愉快与乐趣。这个作品用成熟的庄稼,谷仓和用俗语标记的小径唤起参观者自己关于食物与土地的思考和回忆。

查尔斯顿水滨公园
Charleston Waterfront Park

地点：Charleston, South Carolina

设计：Sasaki Associates

这个项目的首要目标是创造一个公共开放空间作为城市滨水区重新开发的第一步。街道边的围栏沿着人行道一直延伸并穿过公园，将河流与查尔斯顿历史悠久的住宅及商业区连接起来。

一条与河岸平行用砾石铺筑的步行道，将公园北面的主要入口与居住区南部连接。查尔斯顿传统式样的长凳、可坐的矮墙、一排连续种植的巴尔麦棕榈树带与栏杆结合设计的装饰性路灯为步道增色不少。那些隆起的坐墙使简洁的草坪轮廓分明。

一个青铜与拼装的石头组成的菠萝喷水池，象征了查尔斯顿人民的殷勤好客，是草坪景区的视觉中心。沿着公园靠城市一侧会发现一个挡护较好、较亲切的空间，四排茂盛的橡树在人行道、坐憩区和八个小花园中洒下了浓浓的绿阴。

一个钓鱼台设在温渡码头(Vendue Wharf)的尽端，温渡码头与公园主要入口在一条直线上。青石铺装的温渡广场形成了公园的主要入口并且与公园所有的要素相连接。另一个与皇后街和温渡街在同一轴线上的喷泉被查尔斯顿市中心的许多居民与游客当做一个路标。

瞭望台公园
Belvedere Park

地点：New York City, New York
园林设计：Child Associates
建筑设计：Mitchell/Giurgola
雕塑：Martin Puryear

公园位于哈德逊河北部湾西北角的一块面积为1.6英亩的土地上，是纽约市巴特利公园城商业区的中心。瞭望台公园既是进入华尔街的入口又是北部湾的社区公园，这为新泽西的摆渡乘客到曼哈顿提供了一个海港入口。也为身处充满生气的活动和巨大的世界金融中心的建筑之中的公众提供了一个安静的休息场所。

瞭望台公园的主要设计要素包括：一片高大浓密的橡树林，按网格规整种植在一个较高的块石铺地的平台上；一条曲线花岗岩墙，墙间开口并设台阶，通向较低的河岸步道空地中；还有一个较高的圆形瞭望台，由此可以远眺自由女神像及更远的海景。

公园在面向西萨佩里设计的世界金融中心的几何极简艺术风格的广场与北边曲线形罗曼蒂克公园之间建立了一个纽带。规整的树林与世界金融中心佩里格子窗相呼应。曲线形的花岗岩墙衬托树林，与北面公园的曲线相呼应。

沿哈德逊河岸的游步道边种植了不规则的刺槐林。从较高位置的成片橡树林下到河边，有一段宽阔的台阶，两侧60英尺高的塔形雕塑成为从水边进入城市的入口标志。

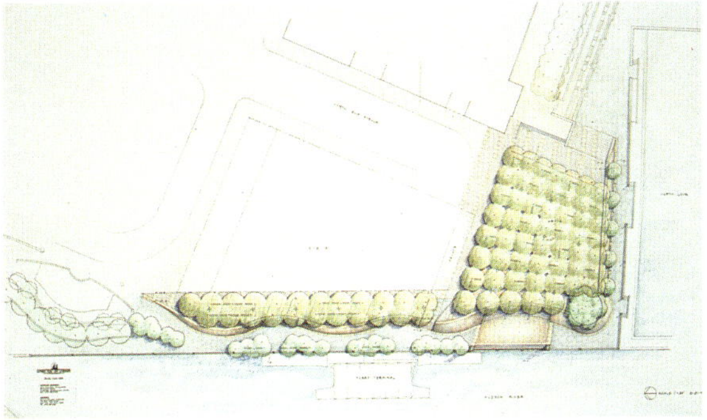

© JEFF GOLDBERG, ESTO PHOTOGRAPHICS

© JEFF GOLDBERG, ESTO PHOTOGRAPHICS

© JEFF GOLDBERG, ESTO PHOTOGRAPHICS

日美历史广场
Japanese American Historical Plaza

地点：Portland, Oregon

设计：Murase Associates

历史广场是作为一个纪念广场设计的，以纪念二战期间 110 多万日裔美国公民被拘禁的惨案。在它的东部，“龙”门和墙由毛面的石材组成，并且沿着维拉美特河（Willamette River）岸蜿蜒延伸。在西面，两个青铜雕塑柱标志着“虎”门，圆柱上的浮雕描述了从最早的石西移民至今漫长的日裔美国人的历史。北面是“龟”门，一块巨石嵌入低矮的土墩令人联想到历史悠久的巨型海龟用背支撑岛屿的传说。南面入口有一只传说中的凤凰，是日裔美国人故事开始的地方。

花岗岩巨石象征着日本移民来到美国俄勒冈州；正如逐步发展的日本社团，那些石头逐渐变成一堵墙，坚固而且完整。墙体中的一个断缺象征着战争中日裔美国人社区因撤离和被强制疏散而被破坏。立在广场中心的巨石上刻着 10 个强制疏散集中营的名字，巨石周围环绕着水纹裂的石块铺地，反映了当时被打破的生活与梦想。

邦斯达尔好莱坞塔与北角公园
Barnsdall Hollywood Tower and North Corner Park

地点：Hollywood, California

设计：Lehrer Architects

邦斯达尔好莱坞塔与北角公园是莱特的邦斯达尔公园重新设计的总体规划方案。由彼得·沃克/威廉·约翰逊及合伙人事务所于 1995 年完成。塔和公园是好莱坞大街西侧一个纪念性端点，是 Los Feliz 步行区向北的一个延伸。塔和公园有一个票务中心、问讯亭及食品店，在城市中处于一个重要的位置，与 20 世纪 20 年代莱特设计的公园连接并形成一个整体。这是莱特设计的唯一的园林，今天已成为一个市民公园。

北角公园是在撤除好莱坞大道与佛蒙特州大道之间一个次要的小街基础上形成的，将一个剩下的三角地带变成了一块重要的地块。规划很好地解决了交通，改善了地块难看的形状。作为纪念塔及标志物，邦斯达尔好莱坞塔标明北角公园与在莱特的原方案中一样，是邦斯达尔公园一个主要入口。

BRUCE FORSTER

BRUCE FORSTER

TIMOTHY HURSLEY

南湾公园
South Cove

地点：New York City, New York
园林设计：Child Associates
建筑设计：Stanton Eckstut
艺术：Mary Miss

南湾公园占地30英亩,位于曼哈顿岛的最南端，是巴特利公园城壮观的92英亩填方场地的一部分。在南湾公园的后面，是高耸入云的世界贸易中心。超过水面另一边是自由女神雕塑及大西洋。在纽约市，没有什么地方要比南湾公园作为人工要素与它周围的自然环境的冲突更加突出的了。巴特利公园城管理机构组织了一个由艺术家、建筑师及景观设计师组成的合作队伍,为一个新的低层住宅社区从那些可怕的建筑和周围环境的压力下逃脱出来,提供一个庇护场所。

设计概念来自于对自然海湾及北大西洋沿岸海滨结构的研究。依据这些研究，园林设计师从所有的海湾中抽取空间的要素，创造了一个海湾的原型作为公园的隐喻。

土族人的漂流，沿海生长的植物,类似沙丘的地势,和一个散布的岩石组成的南湾"内海岸",使人想起受到保护的海湾的自然海岸状态。蜿蜒种植多枝干的稠密刺槐林,广阔的海滩草地，蔷薇对应着呈线型的海堤墙及粗糙的人工海滨环境。在水中布置的木桩及树林中树木的布置表达了支撑公园的梁与墩底部构造。较高的步行道与较低的游步道沿海岸逶迤延伸时断时续，邀请人们前往防波堤水滨，为参观者观赏滨水区和自由女神像提供不同的视角。设计者利用种植、木结构、降低的步行道、岩石、台阶及灯光的设计吸引人们来到水边。

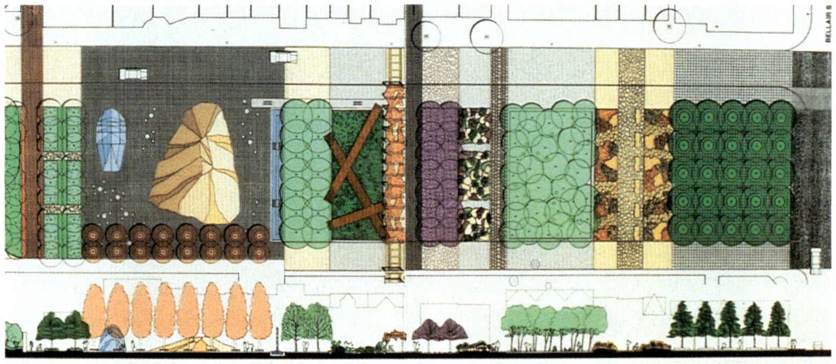

约克维尔村公园
Village of Yorkville Park

地点：Toronto, Ontario

设计：Ken Smith, landscape architect
Schwartz, Smith, Meyer

公园是在1991年多伦多市发起的国际竞赛中标方案基础上建成的，竞赛要求在一个地铁站顶不足1英亩的场地上创造一种新型的公园，使公园成为城市居民的生态休闲场所；为城市创造一片绿洲，成为城市生态、教育、当地历史及区域个性的展示。

约克维尔村公园设计的这种理念可追溯到20世纪50年代后期，当时因多伦多市地铁系统的修建而将坎伯兰街（Cumberland Street）南侧的维多利亚王朝风格的成排房屋拆除。当地的居民强烈要求在地铁站上修建公园，但只修建了一个停车场。当地居民继续强烈要求，直到1973年修建公园才得到批准。公园设计及修建花了20多年的时间。

公园设计反映了约克维尔村的历史及加拿大景观的多样性。设计的目的是要反映、加强和延续原来小镇的尺度和特点，从而为介绍和展示独特的内陆城市本土的植物种类和群落提供极好的生态学习的机会。设计也试图创造多种空间和感官体验、提高景观质量和加强公园功能，并且将公园与现有人行道和邻近的街区连接起来。

为实现这些目标，公园设计了一系列庭园，它们在宽度上有所变化，他们的框架用以象征那些曾经建在这块地上的成排房屋。公园最东端的每一个庭园都包含着一个不同的植物群落，从高地的松柏类植物到落叶植物。公园的中心部分是低地和湿地的植物群落和一块巨大的花岗岩；西端是阴棚花园。最大的造景要素是一块置于地上的700吨重大岩石，它是从150英里远的地方搬运过来的，成为公园雕塑般的中心景观。

公园的设计思想是沿着以前房屋的轮廓位置将维多利亚风格的集合转变为加拿大不同空间景观的集合。这些思想使传统庭园转变为一个现代庭园，这种转变为解读城市中自然的传统概念提出了新的思路。

北海滨步道扩建
North Shore Esplanade Extension

地点：Staten Island, New York

设计：Johansson & Walcavage

这个滨水工程将地处圣乔治大街商业区的斯塔滕岛上的摆渡站与纽约港沿岸的6英里长的人行道连接起来。纽约经济发展协会投资修建这个项目的目的在于：通过鼓励大量的观光者和游人利用摆渡到达该岛，观赏优美的滨水景观，从而刺激斯塔滕岛经济的增长。

近来已完成的项目包括为拓宽从摆渡站过来的巴士坡道而修建的人行道。由FTL工作室设计的棚架状构筑物是该人行道上主要的休息空间。这个优美的构筑物为人们提供了一个极佳的观赏海港景色的地方。

除这个棚架状的构筑物外，弯曲迂回的道路使内陆的整体形式优美雅致，还有由阿马伽尼(Siah Armajani)设计的金黄的桥和塔。在公众空间的设计中，阿马伽尼个人的民主哲学观念对这个作品的构思有着重要的影响。

在塔的顶端有一盏灯，结合塔的钢构架设计成一所房子的轮廓。有了这两个元素，这座塔相当于一座灯塔。过了灯塔，人们会被吸引到一个地方：沿着两侧种有树木的小路进入真正的海事浮标处和一栋历史悠久的砖石建筑。

当人们到达海港边的大型市民广场，能看到非传统色彩组合的图案复杂的地面铺装。坐椅的布置与组合较随意，比规则的放置更强调人们的社交性。

柯林斯环
Collins Circle

地点：Portland, Oregon

设计：Murase Associates

柯林斯环是绕波特兰市内城区的一个交通岛，多年来当地居民把它当做一个重要的标志物。一个轻轨火车站建在它的附近，火车要通过这个环。柯林斯环已经作为进入城市的大门重新设计。一个由哥伦比亚河盆地的玄武岩构成的巨大的抽象石雕，象征周边地区的新发展。巨石类似于墓地的土丘，又像史前的巨石，日本的石园或是火山喷发而形成的太平洋西北岸。

因建设这座轻轨火车站，人们把邻近街道的8株年幼的橡树移植过来，围绕着那些石头。漆树与直立的石头置于圆环上以强调环的存在。传统意义上的圆象征着一块聚集地，但这个圆仅仅为了视觉上的效果。灌木丛环绕着环的基础种植，从而限制了行人与车辆，因为那些石头并非为着攀爬。带坡的环坡向弯曲的轻轨轨道，点缀了一些立石和三株生性顽强的漆树，具有多种含义解释，象征了自然的修复。当火车驶入街区，乘客将看到随着光而不断变化的景观。虽然人们对于这个交通岛的视觉体验可能是短暂的，但这个景象将逗留在人们的脑海中而引起许多联想。

威斯纳家庭剧场
Weesner Family Amphitheater

地点：Apple Valley, Minnesota

设计：HGA Landscape Architecture Group

威斯纳家庭剧场建在美国明尼苏达州的动物园内，它被用来作为鸟类捕食表演的观赏场地，也为不断增多的露天音乐会提供场所。这个圆形剧场及它的支撑构筑物利用了河边的地势。设计者并不刻意模仿自然形式，而是选择现代的材料，采用鸟翅的形式来强调剧场与自然的联系。园林设计师从不同寻常的角度，不仅仅考虑到动物园，而且从鸟儿自身来考虑。它试图为这些鸟类明星们创造一个充满人情味的生活环境；流线型的建筑体系给观众带来美感。

参观者从剧场底部进入，而离开时先要爬上山。规整式花园的花坛恰好构成一个小的引导空间，紧接着游人将看到一个岩石状的大房子，它形成了舞台的背景，象征着露出的冰川期的岩石而激起人们对当地生态历史的联想。

这个剧院的场所还包括为将来鸟类的表演而设置的多功能的临时台架。固定在柱子上的笼子被放在尽量接近河岸的地方以便于鸟儿在表演前尽快进入状态。

贝蒂马尔库斯公园
Betty Marcus Park

地点：Dallas, Texas

设计：Sasaki Associates

贝蒂马尔库斯公园建在达拉斯艺术中心地带，与迈尔森交响乐中心相连。它成为中心自助餐厅的户外延伸和当代及古典艺术作品的展示场所。自然式的花园设计与弗罗拉街(Flora Street)的规则式种植设计相映成趣，弗罗拉街是艺术区供人行的主街。

迈尔森中心的大厅装有大块玻璃，它形成南面场地的北边界，极大地增加了公园的光线和热量。在公园的设计中减弱来自皮尔街(Pearl Street)的噪音是很重要的，皮尔街是沿公园南边一条繁华的街道。一座水墙阻挡了交通的噪音。越接近迈尔森中心的地区，公园被设计得越规整，而越靠近弗罗拉街和皮尔街的地方则设计得越自然，绿树成阴。

为给自助餐馆的户外场所提供更多的遮阴，设计中使用了大树及带有阳伞的桌椅。被用于小餐馆的某些菜中的草本植物种植在邻近平台和大厅玻璃墙处。这个细部简洁的空间可用作展示小型艺术品，或在音乐会后，你可以在那儿吃上一顿或来份小吃，享受户外休闲的乐趣，并能与表演者相遇。

长沼社区公园
Naganuma Community Park

地点：Naganuma, Japan
设计：Yoji Sasaki, Ohtori Consultants

长沼社区公园位于北海道长沼镇，该镇坐落于Maoi山脚下的广阔的牧场和田野间，从那儿到Chitose机场要驱车30分钟。这个公园是根据1989年设计竞赛中的方案修建的，它以地区性的规模促进温泉能量的利用和休养娱乐的功能的开发，它位于政府经营的长沼温泉社区中心的中部，供当地居民使用。

第一个实现的项目是Maoi停车场地，一个郊外的“汽车营地”，与周围的田园风光相融合。每个营地都以之字形排列而向自然景观开敞。同时，建筑物也在绿阴中若隐若现。这些场地用3种基本颜色统一起来，基本颜色的应用使每块用地相呼应，也保持着些许轻微的张力。设计的意图是创造一个促进与自然交流的设施。

作为一个相邻的开放空间，水上公园是一个以北海道夜景为背景的水上舞台。公园成为观光者与自然接触的场所，而且空间尺度十分宏伟。

PHOTOGRAPHS © YOJI SASAKI

本·古里安大学的科雷特曼广场
Kreitman Square,
Ben Gurion University

地点：Beer Sheva, Israel
设计：Shlomo Aronson

科雷特曼广场是作为沙漠景观与原有的理性的校园环境之间的过渡环境来设计的。这两方面的要求是融合一些设计特色来表达的，包括一个沙漠中的溪流、一个拱廊、一些土堆、草坪和沙漠植物。最终的目的地是创造一个公众聚会的场所，体现自然与人工的和谐。

加布里埃尔·谢诺瓦步道
Gabriel Sherover Promenade

地点：Jerusalem, Israel
设计：Shlomo Aronson

从加布里埃尔·谢诺瓦步道上能俯瞰世界上最宏伟、最富于情感的景观之一：神圣的耶路撒冷。对这个设计而言，建筑设计上的难点是要创造一个展现沙漠风光的城市环境和一个游步道。

这个设计包括一系列精心制作的小品、细部：凉亭、围栏、照明设施和饮水喷泉。这些精心制作的细部形成了沙漠边缘的墙体和瞭望台的优雅外观。800 棵成年的橄榄树和麦田强化了浓烈的空间感受，而且将下面的汲沦谷(Kidron Valley)与远处下倾的朱迪丘陵(Judean Hills)联系了起来。

加菲尔德广场皮亚特公园
Piatt Park on Garfield Place

地点：Cincinnati, Ohio

设计：Meyers Schmalenberger Meisner

皮亚特公园的设计是辛辛那提市商业中心加菲尔德居住环境开发研究的一部分，其目的在于协调城市设计计划、居住区再开发计划以及分期公园/街景改造几个方面的工作。总体规划中对公园及其周围街景、公共步行街区细部设计做了指导。同时，也对城市住房发展计划中大规模兴建的建筑做了规范。与规划的筹备同时进行的还有对城市商业区中住房开发潜力的市场评估。

公园的细部设计延续了总体规划中强烈的轴线，对许多预留用地的细部做了改进。公园设计概念基于该空间历史轴线。两排美国皂荚树的应用勾起了人们对 19 世纪 20 年代该处两排树木的记忆；场地中两位历史上著名总统的雕像分别重新安置在轴线的两端；中心两个新修的喷泉不仅形成了景观的焦点，也是城市的交通路岛。设有许多小型坐憩空间的中心散步道拓展了公园的纵深感；而沿着散步道边缘种植的多年生植物也以其全年色彩的变化增强了公园的趣味性。

场地东端的加菲尔德广场成为新开发的 1 000 套公寓住户的户外咖啡馆。

艾伯特散步道
Albert Promenade

地点：Mitzpeh Ramon, Israel

设计：Tichnun Nof

绵延2.5公里的艾伯特散步道是沿着Machtesh Ramon地区的山顶修建的。该山所在地是以色列内盖夫(Negev)中心地带的火山状地貌。通常情况下温度都在40摄氏度以上,而年降水量则不足100毫米。这个看上去似乎格外荒芜的地方,周围全是200米高的悬崖，野生生物繁茂。因此,内盖夫旅游开发委员会要求Tichnun Nof草拟一个旨在开发这块介于Machtesh Ramon社区和Machtesh社区之间狭长地段的综合性方案。很快方案作出了规定：任何开发工作都必须以不破坏这里十分敏感、脆弱的沙漠环境为原则。规划的中心地段是一个包括地理、植物、动物等方面内容展示的游客中心；所有的展览馆都与沿着山边缘的散步大道相连。

规划的难点在于创造一个从Machtesh Ramon到内盖夫两者之间建筑环境的过渡，既不一味地模仿也不破坏沙漠景观：被风化的石块、巨石与沙漠相融合，体现了大漠特征;与多岩石的环境相对照,用切割的石块铺就的道路、广场更加突出了沙漠景观；散步大道利用了本地的砾石,依山就势,将对沙漠地面的干扰减到最小,远远望去,过道成了一条细线，仿佛是野山羊和鹿群留下的行迹。

PHOTOGRAPHS BY DAFNA KAPLAN AND SHLOMO ZE'EVY

帕达根尼亚的探索者旅馆
Hotel Explora, en Patagonia

地点：Western Patagonia, Chile
设计：Germán del Sol, Architect

旅馆建于西帕达根尼亚的托雷德裴恩国家公园内。景观的设计力求展现当地诗一般的美丽风景，使其便于步行，并不破坏其脆弱地形的天然特质。建筑与环境和谐地融为一体，使地形上的延伸成为一处适于栖居的空间。设计避免了过于华丽、烦琐的细部而突出了当地的景观元素，其目的在于使公园成为适合探险的地方又保持其周围环境的神秘性。

滨海水污染控制厂
Oceanside Water Pollution Control Plant

地点：San Francisco, California

设计：Royston Hanamoto Alley & Abey

这个占地 27 英亩的二级处理厂提供了 6 英亩的用地，用来建立圣弗朗西斯科动物园哺乳动物保护中心。

景观构思的灵感部分来自于一个峡谷的地貌特征。建筑群所在的 45 英尺的峡谷满足了设计上的双重需要——既从视线上遮掩了场区，又控制了卡车、员工及公众的进入。这个巨大的近乎垂直的峡谷表达了设计上的哲学理念：那就是从工业美学的角度来看，设计的本质必须是一件面向大众的园林建筑作品。

用地上的沙丘、高速公路两旁的海岸植被、金门国家娱乐区及附近的金门公园都给景观的设计以启发。绵延沙丘和具韵律感的大西洋都成为作品背景的一部分。毗邻的芬斯顿城堡的一些已风化的，半掩埋的战争遗留下来的大量块状、散碎的混凝土煤箱为峡谷及连接峡谷和相邻公路的 2 条隧道的建设中在形式上大尺度混凝土的应用提供了景观设计文脉上的参考。

园林设计师的工作包括：厂区及动物园的规划在用地上的协调；户外公共场所、员工用地的设计开发、户外家具陈设、峡谷立面的挡土墙以及隧道、沙丘的平整；坡度、围栏的限定、植物的配置、灌溉等方面详细的设计说明；当然还包括施工验收。

科茨米尔可自然公园
Xochimilco Natural Park

地点：Mexico City, Mexico

设计：Mario Schjetnan, Jose Luis Pérez, Grupo de Diseño Urbano

科茨米尔可水上公园是古代墨西哥流域水中生活的最后遗址。1987年联合国教科文组织将该地列为“世界遗产”。之后，这块约 270 公顷的用地被设计为一个多功能的公园。

城市设计小组和 Mario Schjetnan 合作为公园做整体的规划和具体工程，同时负责各工程项目的监理和协调。整体规划拟建一个苗木、花卉市场；一个带有礁湖和考古保护区的运动场所；一个有舞台的专为游人开辟的大咸水湖区和一个自然的生态休闲式花园。

公园的中心部分是一个概念性的说教场所，并附带一个植物园。该植物园是在墨西哥高地、高产农业岛和高产农业用地的基础上恢复了的自然生态系统。游客中心出售有关景区概况的光碟、展品；并建有兜售纪念品的商店、自助餐厅、办公室和一个微机信息管理系统，该系统中存储着关于科茨米尔可部落的人种、当地植物及考古等方面的信息。

休闲场所包括一个滨湖绿地，可用作音乐会、烧烤、沿水面和花园铺就的散步道。自行车、旅游观光电车和水上游乐等活动都能在此开展。建筑与狭道、梯田、植物等自然景观融为一体，保持着自然的风貌。苗木、花卉市场的布置宛如一座复合式的温室；环绕中心广场布置着三条汇聚的轴线。

泰霍特朗考公园
Parque do Tejo e Trancao

地点：Lisbon, Portugal

设计：Hargreaves Associates

获奖方案提出建立一个160英亩的环境公园，支持各种教育、娱乐活动。它是由里斯本委员会发起并选作'98博览会的场址。设计旨在改善被污染了的里斯本地区滨水带的环境并结合污水处理厂，将其改造为一个市民公园。娱乐设施包括游艇、码头、节庆广场、游戏场、高尔夫球场、骑马设施、网球场、排球场、娱乐园、商店以及咖啡馆。

雕塑般的场地形式既满足了功能的需求，又有一定的象征意义。功能方面，设计必须考虑从港口清理出的500 000立方英尺污物的存放问题。用地在整体上设计成一系列弧形，仿佛是常年主导风向侵蚀而成的。波浪般的弧形设计暗示了风拂水面的情形。尽管整个工程显然是人造的，但从近水边的自然式到内部的规整式的自然过渡，表明了该项目的一种合理布局。沼泽地被保留作为野生动物的栖息地。

人造山谷阻挡了废水处理厂所散发的味道。该公园设计的本身并不在于恢复原有的生态景观，就像濒危景观的模拟，而是将其改造作为公共的设施。

肖普溪流恢复
Shop Creek Stream Restoration

地点：Aurora, Colorado

设计：Wenk Associates

在肖普溪流域，城市化使河道遭受了严重的水土流失。溪流下游的沉淀物和磷污染已经成为樱桃溪水库面临的重要问题。在与樱桃溪水库毗邻的樱桃溪国家生态保护区里，视觉和生态的敏感带里的大多数河道均受到不同程度的损害。

由一支工程队和 Wenk Associates 组成的团体一反平常标准化的景观设计与施工方法，针对河道进行设计，把严重侵蚀、不稳定的溪流（在生态与美学上均不利）改造成为一个充满生命力和受人欢迎的场所，展示自我维持、丰富的高地和湿地生态。

混凝土结构的引流工程将河道与草原景观合理地结合起来。介于引流结构间的大量湿地不但弥补了因建设而造成的湿地的丧失，而且营造了一个重要的新的野生动物栖息地。因在工程、美学、生态等方面的创新，该方案的设计获得了国家和州的工程奖和园林设计奖。

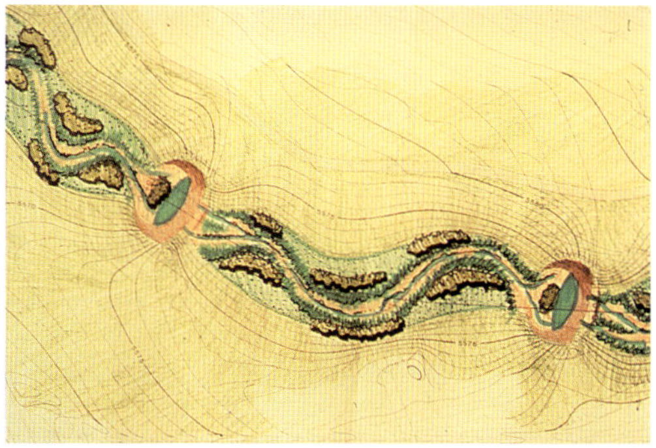

水工程公园
Waterworks Gardens

地　点：Renton, Washington

艺术家：Lorna Jordan

园林设计：Jones & Jones

顾问工程师：Brown & Caldwell

承包商：Fuji Industries

水工程公园是一项由艺术家Lorna Jordan参与设计的公共艺术品。设计的目的在于处理雨水与洪水，提高现有湿地的质量，营造庭院空间，新建一个8英亩的开放空间，供大众使用。从地面收集到的雨水被抽到11个池子中进行污物沉淀和处理。经过处理的水流入低处的湿地，供给植物、微生物和野生动物。雨水处理池和湿地系统组成了特有的土/水景观，并因“过滤、收集、排放”这一过程的展示使整个公园呈现出雕塑般的效果。种满当地树种的林间，一条迂回曲折的小径穿过湿地，并与通往任顿城和塔克维拉城(Tukwila)内的小路相连。沿着小路，参观者会经过5个用抽象手法表现的大型开花植物的花园。

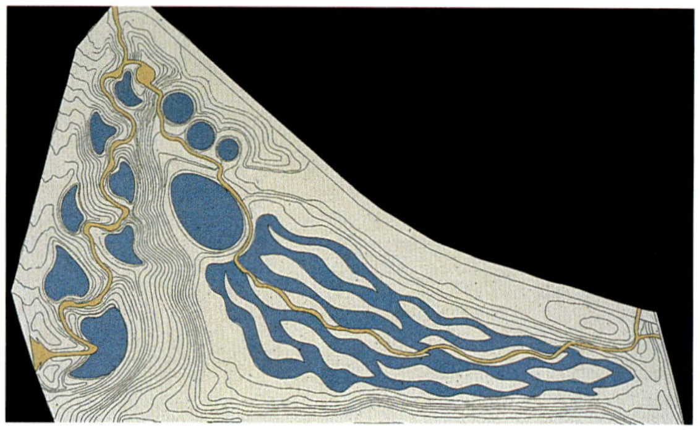

盖塔大楼屋顶花园广场
Gate Tower Building Roof Garden Plaza

地点：Rinku Town, Japan
设计：Makoto Naborisaka,
David Buck, Nikken Sekkei

新改造的滨水区广场位于日本兵库县，它连接着大坂和关西机场。这个屋顶花园广场建在一个停车场的上面，距地面 6 米高，占地 70 米×150 米，与邻近的火车站和集宾馆、办公与一体的盖塔大楼相通。

作为节庆广场，设计中大量使用了植物、水体以求映射出附近的海洋、山丘辽阔的自然风光；从楼上俯视广场，它仿佛浮于水面之上。

一条 5 米宽，200 米长的带有小喷泉、木质甲板、密植的植物以及坐凳的线性休息空间与场地北侧的盖塔大楼相连并保持了与大海在视觉上的联系。广场西部角落有一系列低矮、阶梯状的种植带，从楼上看，具有强烈的视觉效果；而从地面上看，又与广场融为一体。每一个种植带都用一种常绿植物，种植带在颜色、质地、形式、花期上的微妙变化被蓝色步道分隔。3 个石质的圆环形成了景观中的次焦点，并能由此到达底层的停车场及与街道相平行的大楼的入口。设计中不同铺装的运用加强了作品的韵律感，与宁静的植物、水体形成了强烈的对比。经过特别设计的铸铝长凳给人以搏击海浪的联想，布置在中心地带突出重点并为人们提供坐憩场所。

克利夫兰门道
Cleveland Gateway

地点：Cleveland, Ohio

设计：Sasaki Associates

作为为城市经济的复苏而制定的发展计划的一部分，克利夫兰门道——一个新建的市区体育区是在城市规划部、门道经济发展有限公司和两家主要的体育用品特许经营机构共同的努力下得以实现的。

新的运动场所选址精当，设有棒球场、篮球场；它的建立确立了道路边界和城市人行道。运动场所与现有的城市商业街区和社区所构成的图底关系很和谐。通过对各运动场用地标高作降低的处理，使其与人行道相平；从而避免了在竞技场、球场周围设置多条坡道、楼梯的常用套路。同时，这些新的运动场所与街区和一系列的公共活动空间保持相通。

重要的服务设施被集中安置在门道广场的地下服务区。为避免运动场被大面积的停车场所包围，对新建的和现有的停车库进行了划分，以保证白天商业街区使用和夜晚及周末供在门道举行各种活动的需要。球队的赛事安排工作、城市交通以及车场工作人员都必须为14 000座的设施建立空地或设计标准，这就需要相互接受的共享停车场和满足大量人流的集散要求。门道与街区、公共的交通系统相连接。

门道的城市设计规划作为更大的经济发展策略的一部分，包括旅馆、办公、零售业、民用建筑等项目在邻近场地的建设。和其他工程一起，门道将在其所在地营造一个繁荣的商业区。

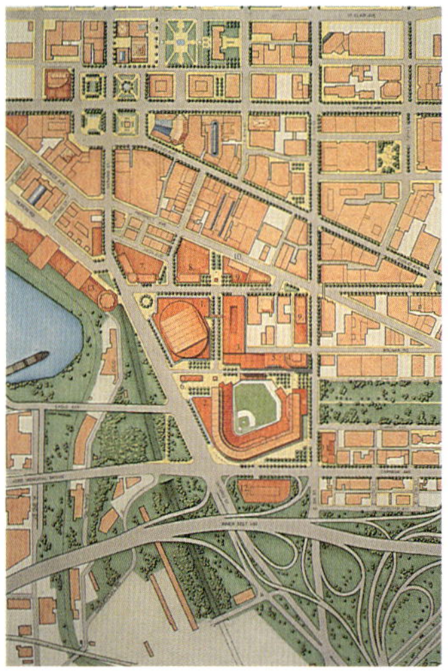

尼夫·泽德克广场，苏珊·戴尔中心
Neve Zedek Plaza, Susan Delal Center

地点：Tel Aviv, Israel

设计：Shlomo Aronson

这个市区中心广场提供了一个能够开展舞会，歌剧等娱乐活动的新的中心；同时，也修复了两座历史上有名的校舍。遮阴的橘树和水渠的应用暗示了用地周围原有的橘树和用来灌溉的水渠。尼夫·泽德克广场两端的棕榈树是该广场的标志；同时，棕榈树也形成了公共空间的入口。棕榈树也使两栋观演建筑的立面得到统一，并加强其边界。地表设施，特别是铺装材料和照明设施经过特别的处理。该项目的建设旨在为与之相邻的特拉维夫(Tel Aviv)商业区创造一片绿洲。

丸亀车站广场
Marugame Plaza

地点：Marugame, Japan

设计：Peter Walker William Johnson and Partners

广场作为邻近新博物馆、图书馆及火车站和多功能中心的中心集散地。经过一系列商店，社区人员借助电梯可上达火车站的候车站台；从上面，乘客可以鸟瞰广场及城市的中心社区球场。与之相邻的南面的博物馆建在一个大门廊之上，从那儿可以俯视火车站和广场。

广场上人行道的设计有 2 个来源：一是日本传统和服的织纹图案；一是日本优秀的市政工程，包括预制混凝土构件的精美摆放，人行道和主干道衔接位置的特殊沥青的使用。设计中采用了上好的材料：如卵石，新建博物馆建设中所使用的玄武岩一般的石板、铺设街道所使用的沥青。

喷泉设计成水幕式的形式，产生了半透明的雾一般的效果。考虑到丸亀车站广场是作为内陆海和高松的一个主要的高科技集装码头，喷泉的设计旨在唤起人们对城市大门和港口上大型起重机车的联想。

西贡南区总体规划
Saigon South Master Plan

地点：Ho Chi Minh City, Vietnam

设计：Skidmore, Owings & Merrill

西贡南区是越南胡志明市总体规划中一块面积达 7 500 公顷的扩展用地，它满足了百万人口增长的需要。这个城市希望控制由经济过度增长而带来的城市蔓延，同时保护其自身的文化和自然特色。这个总体规划提供了发展远景、规划思想、发展框架以及指导分期实施的标准。

这个城区将为现在城市和新居民提供一些必须的设施，包括文化、娱乐、教育和发展机会。西贡南区的开发区由北部景观路和南部景色秀丽的河道围合，岸边栖息的生物被保护了起来，以保持可持续的生态景观。

规划中的交通运输发展将焦点放在加强开发区与现有城市间不发达的南北连接，并开通新的东西连接，设计步行和交通运输网。一条东西向的公路和运输专用通路的交通系统，将西贡南区的各个开发区联系了起来。

新的城市中心将包括一系列紧凑的步行可达的邻里空间，这些空间由广泛的水路系统所限定，城市中心的每个区域都将有自己的特色。

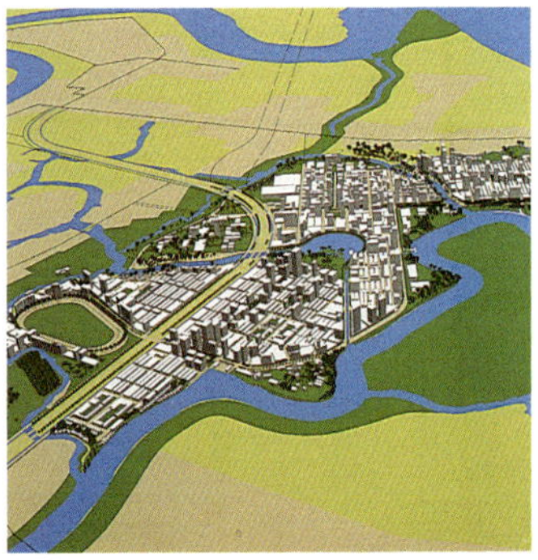

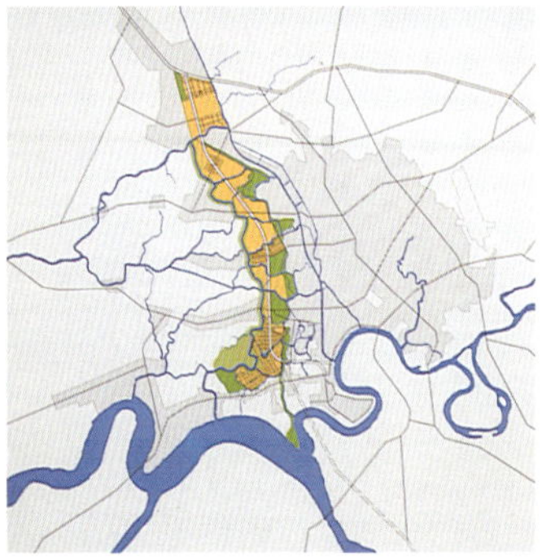

RENDERINGS BY CHRISTOPHER GRUBBS

圣莫尼卡市政中心详细规划
Santa Monica Civic Center Specific Plan

地点：Santa Monica, California
设计：Roma Design Group

尽管圣莫尼卡市中心是加州最活跃最令人愉快的闹市区之一，但除了在下午5点后及周末十分热闹之外，其余时间这里都十分冷清。喧闹的步行第三大街向南的几个街区：一个45英亩的市政中心包括了独立的公共建筑组团、宽阔的街道和停车的海洋。

在市政中心详规中要求在市政厅前修建城市广场、公园带连接附近可俯瞰太平洋的帕利塞兹公园(Palisades Park)，扩建附近RAND集团的总部，沿着滨海林阴道、停车场和文化公园建造公寓。

城市广场将成为全市公共汽车、地方运输服务和轻轨的交换空间。规划还提出在场地南侧设置诸如空阔的人行道以及迂回空间等元素以降低交通噪音。

圣莫尼卡海滨发展计划
Santa Monica Beach Improvement

地点：Santa Monica, California
设计：Wallace Roberts & Todd

圣莫尼卡海滨系列发展项目形成了一个太平洋沿岸绵延近3英里的带状公园，这个公园由许多相邻的区域组成，从帕利塞兹公园——一个地处海岸悬崖上的苍翠维多利亚风格景观，到南海岸与海相接的砂质的低地，再到圣莫尼卡著名的穆索尔海滩、象棋公园、同时还包括沿散步人行道设置的其他一些集会场所。

帕利塞兹公园可被理解为一个自然的剧场，可以眺望无边的地平线，这是大自然中的永恒景色之一。尽管边缘也使人感知到自然的脆弱，使人感到永恒与变化的起起伏伏，但持久与短暂在帕利塞兹公园还是有立足之处。公园的设计并没有浓墨重彩地去渲染，而是点到为止。

与之相反，南海滨则可以认为是人类的舞台，海滨宽阔的木板道位置很低，它的边缘几乎是沙滩上的一条线，在木板道上所看到的是人们在玩耍、嬉戏、散步、玩滑板或将球打向高高的天空。如同帕利塞兹公园一样，木板道的设计也没有刻意追求效果，而是轻描淡写。与帕利塞兹公园所不同的是，必须要创造表演的舞台，这儿所需要的是一系列开放灵活的可供即兴演出的集会场所。

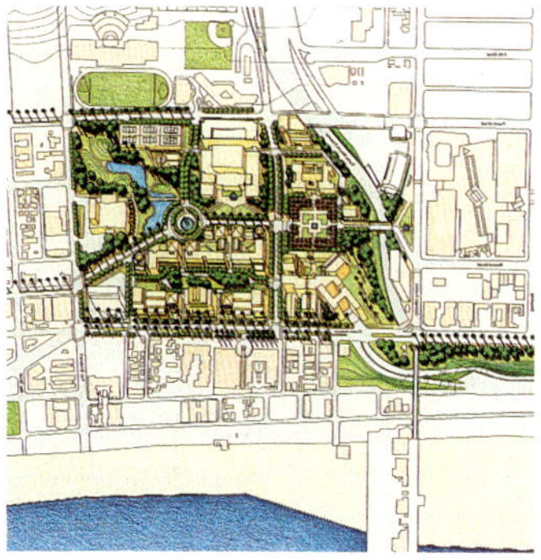

米慎海湾总体规划
Mission Bay Master Plan

地点：San Francisco, California
设计：Skidmore, Owings & Merrill

米慎湾位于众所周知的旧金山南部商业区脚下。它曾经是315英亩的火车站场地，被支那流域的海岸线与波特瑞托山所环抱。一个新的邻里空间将会是周围城市街网的延伸，在这些街道的交叉口将会直接看到公园和水滨的景色。中等高度的办公、研究、开发建筑成为中心社区与高速公路以及金大街之间的缓冲带。居住区将会在密度和肌理上与旧金山的传统居民区相近。两侧的零售商业街将为这一地区及旧金山提供不同规模的购物休闲，另外，项目还规划了公众使用的学校、消防站以及戏院等设施。

米慎湾邻里空间还将插入一个公园系统，其中包括娱乐场地，沉思空间以及具有解释特征的公园等。较之旧金山其他地区米慎湾地区的公园为居民提供了更多的开放空间，同时还创造出远观海湾景致的条件。米慎湾的街道除强调不同用途外，还将有其他作用：第三、第四大街为零售街，金大街将包括中等高度的办公建筑和底层零售空间，而市政地铁将从中央区穿过。

月牙公园被设计成为米慎湾地区的中心景观，它是一系列轴线性公园中的一部分。这些公园沿街的建筑风格将会得到统一。亭阁餐厅促进了长桥大街及相邻地区的零售业。米慎滨河将整个区划分为两个部分，高密度的建筑区在北部形成了城市边界，在这里可以看见南部住宅区及游艇区的景色。在第五大街这条轴线上步行桥将两个区域联系起来。

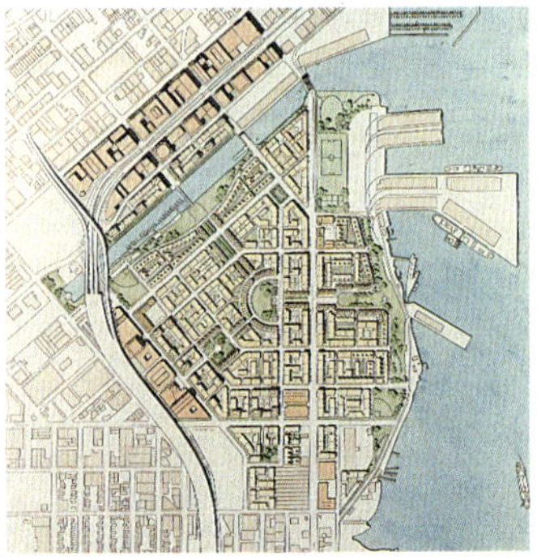

RENDERINGS BY NORM KONDY

儿童疗养园
Therapeutic Garden for Children

地点：Wellesley, Massachusetts
设计：Douglas Reed Landscape Architecture
示意设计和地形设计：Child Associates

儿童和青少年发展研究所的这个项目的目的是设计一个花园，为临床医学家治愈儿童因精神创伤引起的行为异常提供场所。花园的主题是通过参与到为治疗而设计的园林中，使儿童能充分恢复他们的能力与信心。除了提供游戏的场所外，花园更主要的是提供了自由的启发性空间供儿童体验。在花园里的治疗期间，孩子与临床医师探索病人的内心世界，同时帮助儿童表达和控制基本的感情。每一阶段临床医师都在花园地图上记录儿童的活动和行为以证实园林在治疗过程中的作用。花园同时还被用来培训城市里的辅助人员识别和照顾受创伤的儿童。

整个花园面积1英亩，位于研究机构旁边，里面有成年的山毛榉树和橡树。一块长满苔藓的沼泽形成涓涓溪流，落差9英尺，贯穿整个场地，这也是相邻地区一系列树枝状水系的一部分。场地自然条件为花园的设计提供了灵感。

这个设计通过弯弯曲曲穿过场地的水道来表达河道的叙事性，这些水道连接了一系列与儿童恢复阶段相对应的空间。场地的地形根据水流形成一系列典型的地块：一个可提供安全和保障的像坑洞一样的溪谷、一块树木茂密的可以探险的高地、一座供攀登的山、一个隔离的小岛、一片可趟入探索的池塘、较陡的短坡鼓励儿童冒险、一块面积很大的阳光充足的林间场地供儿童来回奔跑玩耍。河道，在全园起统一作用的元素，源自于诊疗部娱乐室旁的台地上的一个较矮的圆形水池。水流冒着水泡不断升起，溢出水池的边缘，通过地下的不锈钢管流到块石墙外侧。接着，水流跌入8英寸宽钢板镶边的溪流中，溪流蜿蜒流经整个场地，最后流入池塘。

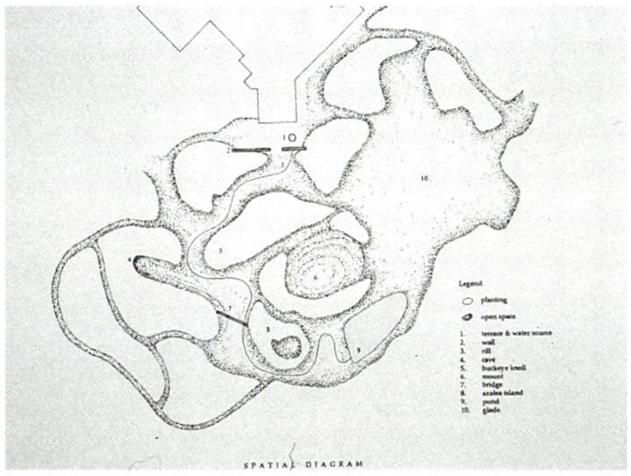

桑德斯筑波研究所
Tsukuba Institute of SANDOZ

地点：Tsukuba, Japan

设计：Toru Mitani,
Sasaki Environment Design Office
Fumihiko Maki, architect

庭院设计的目的是为研究所的科学家们放松视力和恢复精力之用。业主原来想要一种"自然"的绿色庭院，满足业主要求的解决方法是彻底地寻求绿色植物的形态设计，其主题是用绿色的"想法"创造空间的可能性。换句话说，就是作为生物的植物不是通过它们的形状，而是通过它们的质感，到底在多大程度上可以产生强烈的空间感，这个庭园也许就是对植物绿色的一种抽象表达。

庭园中的所有植物都是日本传统庭院中常见的：杜鹃的绿色，小竹的绿色和日本枫树的绿色。这些植物种植在无意义的几何图形中以减少它们形式上的个性并提高质感的真实性。因此,人们所看到的只是植物颜色和质感的微妙区别以及初夏开花和秋天红叶的生动变化。因此，这个庭院可以被认为是实现纯粹绿色本身意义的宁静空间。

风之丘火葬场及葬礼厅
Wind Hill Crematory and Funeral Hall

地点：Nakatsu, Japan
设计：Toru Mitani,
Sasaki Environment Design Office
Fumihiko Maki, architect

风之丘是一个为日本中津城的家庭参加殡葬典礼的公园，公园内部设有火葬场及殡礼厅。这个区很古老，曾发掘出许多古代废墟和坟墓。设计赞美了土地，反映了场地的考古文化。在建筑施工时，场地内发现了一些古墓，随后便被结合到公园的设计中。

一个360英尺×230英尺的浅口的椭圆形凹堑，结合进了方形，椭圆向南方微微倾斜，仿佛是一件古代的大地作品。椭圆北部高起的部分与火葬场建筑相联系，使之成为一件完整的大地艺术品。工程中建筑墙壁的片段在雕塑中浮现。椭圆的南脊遮掩了周围的房子，引导视线观赏远处八幡山。围绕椭圆的步道使参观者在任何一点都可准确认定方位。在这项工程的中心是称之为“风之长椅”的坐憩区域，在这里人们可以体验宁静的场所氛围，同时听到入口处风向标所产生的风的音乐。

休斯顿警官纪念地
Houston Police Officers Memorial

地点：Houston, Texas
设计：The Office of James Burnett

这个纪念地是为纪念在执行任务中牺牲的休斯顿警官而建，它不仅是表彰那些牺牲者，同时也是为了表彰那些每天冒着生命危险为休斯顿市民服务的人们。建筑长120英尺，宽120英尺，位于一块面积为3英亩的场地中间，它的形式以一个巨大的有踏步的金字塔为主，周围围绕着4个40平方英尺的圆形剧场。纪念地的高潮部分是一个喷泉，环绕着刻有牺牲警官名字的抛光花岗岩。

纪念碑的形式和材料隐喻警官们的崇高品质。花岗岩是凝固坚硬的，并由大小一样的方块按模数等级组织排列，边角干净利落成直角，这种形式的对称和规整的秩序反映了一个严格而有规矩的战斗梯队。考虑到警官之间兄弟般情意的重要性，纪念地的台阶并不仅仅是一个上下通行的工具，交替变化的踏步把周围空间更多的景观引入进来，纪念地中草地也是方整利落的，与边界外的缀花草坪形成强烈对比。

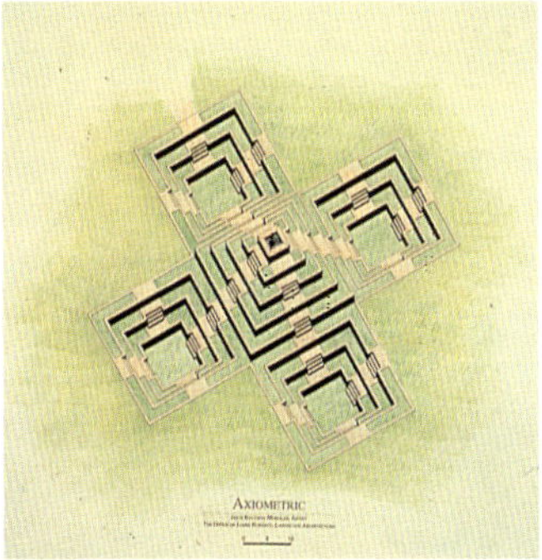

伯那比地铁城市政中心
Burnaby Metrotown Civic Center

地点：Burnaby, British Columbia
设计：The SWA Group

伯那比市政府决定为他们发展中的社区建造一个有特色的市政中心。建筑师 James K.M. Cheng 与 SWA 集团紧密合作，为这个占 3 个街区的市政中心做了总体规划，其中包括广场侧面的主图书馆和艺术表演中心，西边的艺术画廊、市政府建筑(图书馆东南)以及一个博物馆。图书馆和市政中心广场大部分都建在两层地下停车库上，为解决在(停车场)顶上种植物的局限，SWA 集团在悬吊于车库顶的树井中种植了两行皂荚树。

设计将人们视线的焦点集中到东侧城市音乐厅和侧面的柱廊，使人们强烈感受到城市的雄伟，对更加引人注目的城市空间产生幻想。网格状的花园和喷泉增强了透视感，更突出了未来的艺术表演中的场地。

为了避免形成一个从建筑上看令人印象深刻，但是很少为人们使用的市政中心，SWA 集团在广场上创造了各种形式以吸引大量的步行人流。一个室外的儿童花园和本土花卉园紧邻图书馆，以花木为背景的带状景观成为公共露天剧场，最后，城市广场还为邻近高楼里的老人提供了开放空间。

树木和灵魂的墓地
The wood and the Cemetery of the Souls

地点：Tolosa, Spain
设计：Iñaki Albisu Aparicio

这个项目被构思成托洛萨市市民的最好的灵魂安息地，他们的灵魂将在环绕于中世纪教堂的花园中寻找庇护所。

教堂南北两部分风格截然不同。北部是一片人工林，这里将被建设成为一个梦幻般的召唤自然的地方。大的锯齿状岩石上打了许多孔，以给干枯的阿卡迪亚教区的大树提供庇护所。这些树上悬挂着电线和探路灯，仿佛树叶一般。教堂的南部过去是宫殿式的花园。灵魂墓地通过路面铺装得以体现，对祭拜的人来说与人体尺寸相似的混凝土板仿佛是墓园中的墓碑。这一区域以最简洁的方法创造了“空”的形式，抓住了精神上的感受。

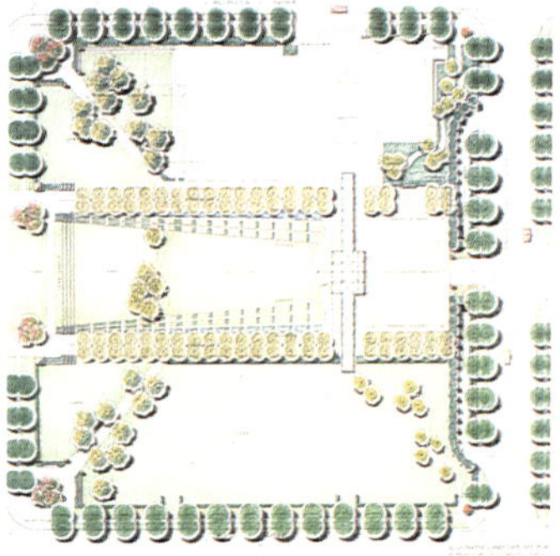

PHOTOGRAPHS BY DIXI CARRILLO

当代版画艺术中心
Center for Contemporary Graphic Art

地点：Sukagawa, Japan

设计：The SWA Group

1992 年，为满足世界最大的印刷公司 Dai Nippon 公司大量绘画收藏的需要，在东京北部福岛县须贺川市市外，建造了一个三角形的当代绘画艺术中心，由 ED2 国际建筑公司设计的建筑主体，外表面由白色铝板贴面，内部包括一个画廊、接待区、书店、视听室和会议室以及一个 2 层的馆长室和印刷品贮藏室。

在入口处，参观者的视线被吸引到高度几何化的画廊上，入口庭院铺设的深浅不同两种色调的灰色大理石与建筑的几何外形相呼应。三角形的铺装图案，包括了一对磨光黑色大理石制的金字塔形喷泉，它位于主入口侧边，引导参观者进入休息大厅。拱门围合了庭院，也形成了南北两侧的框景。入口庭院外的参观者停车场由一系列简洁的树篱和行列树划分。设计提供了树阴，同时强调了建筑的几何造型，从建筑入口把停车场挡了起来。最后，小花园填补了由锯齿状建筑平面形成的空间，为雕塑提供了室外空间。

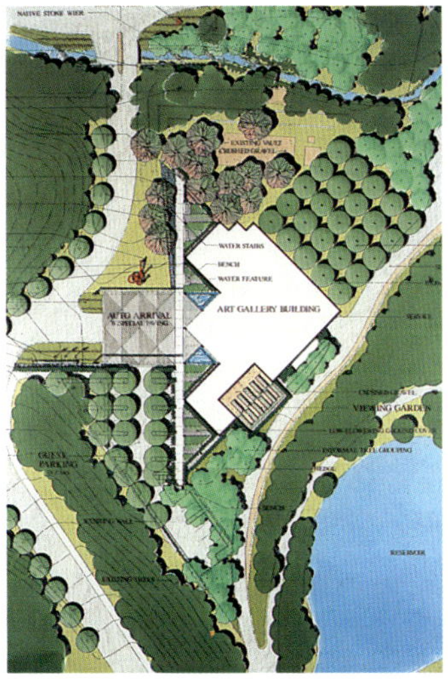

PHOTOGRAPHS BY TOM FOX

西雅图港 69 号码头环境设计
Port of Seattle Pier 69

地点：Seattle, Washington

设计：Murase Associates

西雅图港需要一块供客人、主顾及雇员休憩的场所。作为太平洋沿岸主要的贸易中心，西雅图港有这样一个供接待与集会的场所是十分重要的。在重新修葺 69 号码头的计划中通过保留滨水工作码头以及很久以前形成的罐头厂来反映港口的特质。改造计划的核心环节是一个二层楼的中庭，风景园林师在其中设计了一条贯穿整个建筑的室内水池。

在去第二层的入口处，弧形的花岗岩长凳时断时续，形成楔形的断口，水流通过这些断口涌入石板铺装中的水渠。水渠和长凳被设计成弧形，与建筑规整结构形成对比，形成舒展好客的氛围。水渠是笔直的，但是稍稍偏离了规整长方形室内空间的中轴线。水渠终点是一座花岗岩塔，水沿着弧面缓缓流下。

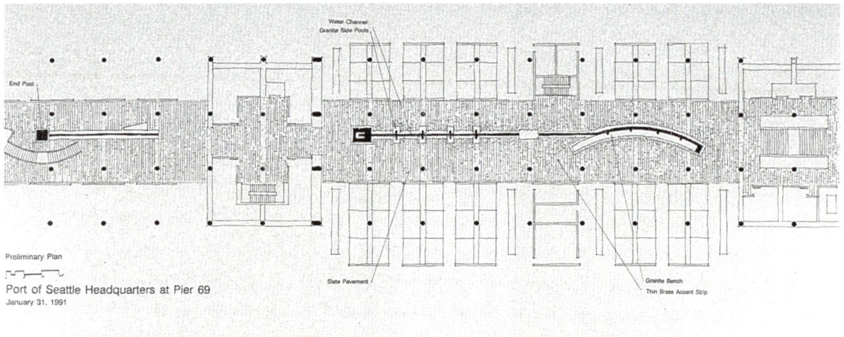

TIMOTHY HURSLEY

TIMOTHY HURSLEY

北方文化博物馆

Museo de las Culturas del Norte

地点：Paquimé, Mexico

设计：Mario Schjetnan,
José Luis Pérez,
Grupo de Diseño Urbano

这座博物馆坐落在墨西哥奇瓦瓦州 Casas Grandes 的 Paquimé 地区。Paquimé 是墨西哥北部重要的考古地区。这里有大量的 12–16 世纪印第安人居住地废墟。这是一块平坦宽阔的奇瓦瓦沙漠谷地。北部同长满榆树林的河谷相接。这里的考古特色、印第安废墟的历史和纪念意义以及场地的自然美都给这个脆弱的环境带来特殊限制。

这个项目是想建造一座小型的博物馆，展示音像、图片资料、信息，也包括博物馆购物中心、儿童探索中心、管理机构、修复和储藏场所、咖啡厅以及一个有棚架的中心庭院，作为戏剧表演、民族舞蹈表演和手工艺品交流的场所。

展览馆将会展出收集到的丰富的考古和人类学方面的文物，同时展览还会采用模型和互动影像等先进技术以增强效果。每个展示空间都将与一个开放庭院相互联系起来，描绘特定的自然主题：第一部分是圆形的沙漠的主题；第二部分是一个长方形的空间，可以直视山脉，是关于干涸河床的主题；第三部分是一个三角形的庭院，是以齿状山脊上的松树林为主题的。

博物馆建筑在原有地形上建造而成，形成了城壕系统，产生了不同的建筑形式，斜坡上覆盖了沙漠植被。这些建筑形式围合屋顶上的台地，并且将博物馆与它周围的自然景观融为一体。

普爱塔牧场疗养区
Rancho la Puerta Spa

地点：Tecate, Mexico

设计：Chris Drayer Landscape Architect

在过去的10多年中，设计师们完成对这个有56年历史的著名疗养胜地的设施更新，重新设计了超过30英亩的场地。这个疗养地位于美墨边境，穿过加州圣迪亚哥即可到达。整个计划的目的是为了创造一个令人难忘的空间，同时也要体现周围丛林环境的特色，并在保持疗养胜地历史联系的条件下体现传统的绿洲景象。

除了设计花园和园林景观外，风景园林师们还要担负起修建现有建筑并设计许多新建筑的责任，实现将建筑与周围环境天衣无缝的结合在一起的想法。这个项目也被视为是一次尝试生态的设计、建造和维护实践相结合的机会。废水通过生态湿地系统用于园林灌溉而得以循环使用，适于干旱环境的原则应用于园林设计中，建设中应用了本土材料和技术，建筑与毁坏的遗迹得到了再利用并相互交融，本土物种在退化的土地上逐渐恢复起来。

臣尼·考勒氏博物馆
Cheney Cowles Museum

地点：Spokane, Washington

设计：Jim Kavelage
BOORA Architects

将要建设的臣尼·考勒氏博物馆是一座122 000平方英尺的综合体，用来保护和展示美国史、地方史和视觉艺术。它位于第一大街2316号，紧贴这一地区最古老最美丽的建筑——布朗尼大厦的扩建楼房。这块场地与历史上高原印第安人的宿营场地十分接近。博物馆位于断崖顶部，俯瞰整个斯波坎河谷。在博物馆内部，建筑的墙壁和山坡的地形环绕一个下沉庭院，为室外展示和表演提供了空间，同时让自然光线进入低层，为室内外空间勾勒出了山谷的景观。

在庭院内的一块简单的大面积圆形场地里记录了美国本土的大事以及文化事件，同时用柱状玄武岩创造出了小瀑布和汇入水池的叠水。

在画廊中用土夯成的一系列平台形成了多样的景观。宽阔的斜坡道下沉到两层的地下画廊，在这里，雕塑和露出地面的岩石沐浴在从北面大窗投射进来的自然光线之中。北部的画廊与山坡的自然景象融为一体，在屋顶种植乡土草种草坪，在这里画廊的石墙沐浴在独木舟形的天光之下。

豪塔纳居住区
Hautana Housing Area

地点：Boeblingen, Germany

设计：Bernd Krüger, Hubert Möhrle

这个居住区的特点是:在相互联系的低层建筑周围，对称地聚集了点式住宅。这种房屋的布局方式可以使公寓获得良好的日光条件并使建筑综合体获得很好的通风条件。居住区的庭院所提供的集会、游戏和休闲场所提高了这里的生活质量。

周围呈U形排列的花园、小湖及树林，限定了庭院的空间。抬高的木质甲板上网格状种植了栗树，将庭院与公众入口分隔开。瀑布从视觉和听觉上强调了高差，每个底层住户都有一个私人花园。路牙和种植池的用材与建筑用材是一致的，都是木头、水泥和金属。

建筑综合体被倾斜的停车场和栽有大树的人行道所包围。邻近的办公区域通过地下车库顶上的树木与步行区相联系。

屋顶的雨水汇集到庭院底下，剩下的雨水汇入溢水箱中补给湖水。瀑布用水由小湖提供，随后又流回小湖。

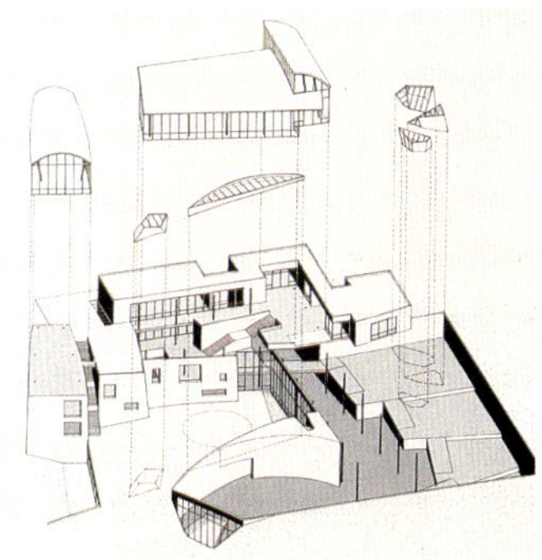

古河市民俗博物馆庭园
Koga City Folk Museum Garden

地点：Koga City, Japan

设计：Shodo Suzuki Landscape Architect and Associates

古河市是茨城县一个历史悠久的城市。这个项目是一个保护古城堡和博物馆边一座公园的综合计划。这个博物馆保留了 Edo 时代荷兰研究专家高见君（Senseki Takami）遗留的宝贵财富。这块场地中还包括高见君的故居。

这项设计的目的不仅是为了保护历史的遗址，同时还要使之复活，通过修筑一条贯穿整个地块的水渠为参观者精心营造出一个新的滨水环境。这个项目分为 3 部分：博物馆前的花园，故居周围的区域以及环绕场地的道路。

博物馆前的花园里有一个小池塘，在这里，池水以瀑布的形式汇入水渠。黑色磨光花岗石和白色鹅卵石唤起了人们对传统日本书法的黑与白的想像。水渠的驳岸以前是由压实的泥土构成，现在则是由现代工艺加工而成的石头组成。池水很浅，儿童可以在其中嬉戏，而喷泉仿佛是风中摇摆的芦苇。池底卵石排列的线形清晰可鉴。在这附近有一座凉亭和一个自行车停车场。环绕这块场地的道路都是用卵石铺成的，与水渠终点、石墙、园路及其他园林用材相配。

高见君的故居被修复一新现用作茶室，里面有一座茶园，许多古树名木保留其中。

棕榈大道重建项目
Palm Drive Reconstruction Project

地点：Stanford University, California
园林设计师：Stanford University
Planning Office,
Judy Chan
园林顾问：Tom Richman and Associates
工程师：Brian Kongas Foulk

该项目致力于重建斯坦福大学的标志性入口，重点强调交通安全问题以及排水问题，解决恶化的道路条件，满足区域交通需求和长期的维护费用。另外，还要求项目小组能考虑保持该入口的历史原貌，恢复最初由奥姆斯特德所做校园规划的一些元素，并保护有历史意义的棕榈树。项目小组所采用的解决办法都围绕着"它是如何工作的"以及"它是如何感受的"而展开。通过这种方式，包括历史文脉、美学、工程价值以及功能需求在内的各种复杂的因素都得到了平衡。

资料表明，奥姆斯特德最初设计了花岗岩路牙但从未建造。这一历史先例中引入了独特的碎花岗岩道牙设计和沟槽排水设计，既永久地解决了排水问题又限定了道路边界。其他特色还包括规划自行车道和人行道，以及排入邻近植物园里季节性水池的径流管道，该径流管道回灌了地表水并改善了野生动植物的生活环境。棕榈科专家对152棵有历史意义的棕榈树逐棵进行了评价和养护。在棕榈树下种植了另外一些乡土植物，在一个主要的十字路口禁止左转并避免运用旗杆状的交通信号，以保留学校富有特色的狭长景观。

棕榈大道作为校园规划的一个重点，是美国西部最庄严神圣的室外空间之一，它形成了1英里长通往校园纪念教堂的狭长景观。项目小组以奥姆斯特德的思想为基础，在美学、历史以及现代功能需求之间创造了最佳的平衡，既创造了足够的道路空间又保留了具有历史意义的道路特色。

中学
Secondary School

地点：Ticino, Switzerland
设计：Paolo L. Bürgi

该项目旨在恢复水资源，一个以实际语言和与我们的景观对话的方式解释生态的谈论主题。

从屋顶和广场上收集的雨水回流到地下岩层，在经过之处留下了痕迹。雨水在土壤中培育了一种特殊的植物，而在广场上喷泉水池的混凝土表面留下了污点，幸亏临时滞留的水逐渐地排放，当过多时溢流进一个高起的铁篦子之中。

从道路到广场的通道要经过宽阔的混凝土斜坡台阶，台阶表面有人工雕琢的浮雕。穿过广场，对面是运动场入口，那儿的台阶踏步上植有草坪。

校园深处有一个与外界隔离的清静庭院，庭院设计受到了周围乡村的启发。庭院里，一条长长的弯曲的长椅吸引人们前往晒太阳或乘凉。

神经系统科学研究院
The Neurosciences Institute

地点：La Jolla, California
园林：Burton Associates
建筑：Tod Williams Billie Tsien & Associates

神经系统科学研究院是致力于理解大脑功能的独立研究机构。1991年，研究院从纽约洛克菲勒大学校园搬到加利福尼亚拉霍亚的斯克里普斯(Scripps)校园，以便能扩大规模，更接近加州当地的科研资源，因为该地区驻扎有索尔克研究院(Salk Institute)和拉霍亚癌症研究院。Tod Williams Billie Tsien & Associates设计的校园像一座"科学修道院"。3栋建筑物组成了"修道院回廊"：一栋3层的信息中心和侧边一栋靠墙的实验室，它们形成了一个U形，建筑整体朝东。一栋音响效果较好的礼堂与一靠墙的自动化侧厅使周围弯曲的广场具有人性化的尺度。波顿事务所的工作就是进一步发展建筑与场地之间的对话，并设计所有的外部空间。

正如发现的过程一样，神经系统科学研究院在参观者面前逐渐显示它的面貌。事实上，同时看到所有大楼是不可能的，而且视线的转变主要依赖于观者所处的视点。项目中地势高的一层栽植了乡土或移栽树种，当它们长大成熟，便可以成为背景。广场景观包含的元素不多：广场较低处的一行用材竹，一片倒影水池，一大片植物栽在与进入研究中心的入口相交的象征性河流之中。一棵孤植的松树位于礼堂的前院，这棵独特的树被视作一个标本，与当地那些自然生长在山坡上的树木形成对比。一片草地上点缀了加利福尼亚胡椒，很像周围小丘上的灌木景观。来自海洋的微风吹过，引起阵阵波动。白千层属植物适宜地种植于道路两侧，这条道路通过地道连接了研究院与斯克里普斯校园。

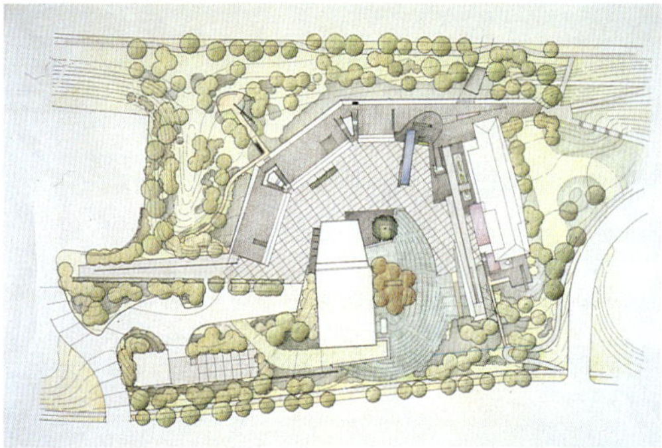

图书馆步行道
Library Walk

地点：San Diego, California

设计：Peter Walker William Johnson and Partners

位于圣迪亚哥的加州大学校园在沿加州南部的悬崖峭壁上发展了数十年。最初的场地上有一大片桉树林。桉树用来做建筑木材被证明是很不经济的，因此就任其长大成熟，如今小桉树已长成一片森林，成为校园里各个建筑物和艺术品的背景，也是现在校园里最美丽的地方。

然而，校园许多其他地方，由于零乱的建设以及总体规划中缺乏明显的空间结构而导致了杂乱无章的局面。因此，当彼得·沃克/威廉·约翰逊及其合作人事务所被邀请来设计新的校园林阴道时，他们不仅开始研究林阴道的场地，而且把校园内的交通方式和空间结构作为一个整体来进行考虑。

这个方案提倡创造一个主要的线形空间，使得新扩建的图书馆、学生中心以及校园范围内的教学楼、讨论室和新扩建的医学院都能联系起来。风景园林师建议这样的带状空间必须与沿校园主轴的人行道结合起来，最终通向作为校园标志中心的图书馆。

风景园林师建议道路的模数与尺度应与沿途各种不同建筑物的模数与比例相协调。在与教室邻近处，其比例应亲切一些；在医学院的附近，由于医学院的建筑是更加宏伟的综合性，其比例应更加大气和雄伟。大胆的铺装形式、矮墙、公众演讲台、供集会和休息的小型空间，以及强调附近桉树林景观的做法，相互组合，串起了沿主轴道路布置的许多节点，使自然与规整的元素统一到了开放空间与校园步行系统中去。

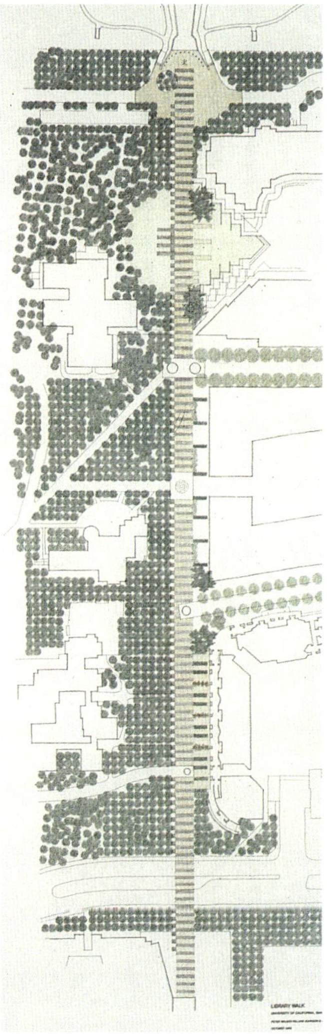

高科技中心
Center for Advanced Science and Technology

地点：Harima Science Garden City, Japan
设计：Peter Walker William Johnson and Partners

高科技中心(CAST)是供科学家、诺贝尔奖得主以及政治首脑间相互交流思想的国际会议场所。该中心一幢主要的建筑是由矶崎新设计的，也是一座重要的文化标志性建筑。

通过一片自然的树林，就到达了中心的花园，花园内有一组由规则的土墩组成的规整“群岛”，使人想起了小山丘。在每个土墩的顶端都植有一棵柏树，树顶上有一盏红灯。土墩象征最初形成山脉的火山活动。走过这些土墩就进入到高科技中心的综合楼。

通过董事办公室的玻璃幕墙和建筑物另一侧的窗户可以看到另外一个庭院，庭院中自然种植的松林为草坪和砂砾道路提供了浓阴。穿过道路和草坪是一片网格状排列的宁静圆形水池，圆形水池与地平面齐平。白天，这些水池倒映着天空、建筑物以及走在庭院里的人影。在夜晚，水池内侧发出的灯光照亮了松树的底部。

第三个庭院邻近宾馆和会议区，适合静观。从耙出的砂砾“海洋”中升起的是石头的“山”和苔藓的“山”。在两座山之间穿过的是一条笔直的大块石汀步，一直通向建筑。这条小路与另一条笔直的古老原木小路交叉，它也通向建筑。围合这些元素的是一片规整的竹林——从那儿不时散发出的薄雾，使庭院充满了湿气，以至于有时只有山顶还有一定的能见度。

PAMELA PALMER

PAMELA PALMER

凯宾斯基宾馆
Kempinski Hotel

地点：Munich, Germany

设计：Peter Walker William Johnson and Partners

凯宾斯基宾馆和慕尼黑机场中心的景观被当作一系列相互关联的空间，以达到顾主要求创造有田园风光的机场。所有的元素包括：林阴小道、树林、沿路的种植坛、道路以及与停车场相连的一系列空间：公园、庭院、平滑的广场——共同提供了丰富和难忘的场所感。

这些系列场地形成了4个截然不同的庭院。第一个由一系列有动感的人行道的带状小庭院组成。规整的种植床成排成列形成了一串连续不断的绿色通道，这些绿色通道由低矮的树篱和锥形的常绿树、白杨交互组成。为了突出交叉口，彩色的砂砾种植床上栽植了白桦树并配置泡泡泉。当接近宾馆时，由岩石、砂砾以及树篱构成的庭院令人回想起该地区的农业景观。

第二个是凯宾斯基宾馆入口庭园。地面采用岩石和混凝土铺装材料，上面有一系列连锁岩石环，一连串的间断的树篱，以及连绵成排的欧洲角树。一片自然种植的松林可以引导参观者到达建筑物的任何一个入口。

第三个庭院是宾馆最大的一个中庭，一个部分遮盖的空间沿对角线分割成一个规整的休息厅、一个坐憩园以及用餐和欢庆的平台。中庭由修剪过的长春藤树篱、庭院风格的铺装材料以及小型的灯光水池构成。设施突出了庭院的主题。平台包括了掩映在棕榈树林下的酒吧，在平台上，钢架"树林"的内外都种有攀援植物。分隔中庭两边的是透明玻璃制成的窗式嵌板，其上栽有天竺葵。

第四个是一个规整的花坛园，为主要庭园。计划作为漫步、坐憩以及娱乐的场所，非常像一个开放的公园。庭院由两个网格套合而成，上面有低矮的围边树篱、彩色砂砾、柱形橡树、草地以及方形树篱。

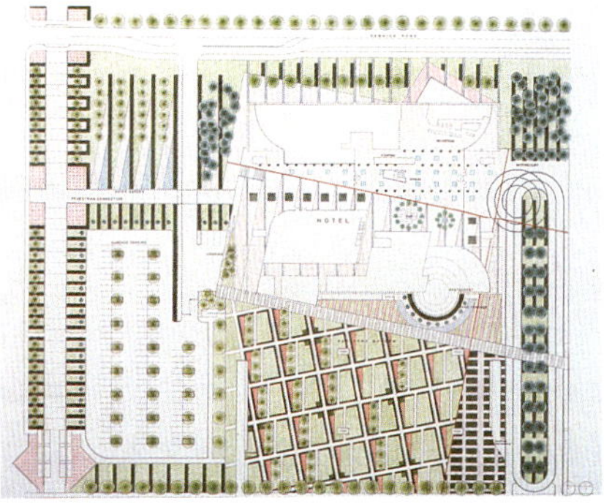

德国标准研究院庭院
Courtyard for the German Institute of Standards

地点：Berlin, Germany
设计：Richard Weller
合作：Muller, Knippschild, Wehberg

德国标准研究院(DIN)中心办事处位于柏林。随着柏林从冷战的包围发展到繁荣的大都会，研究院的业务量及地位也在不断提升。黑暗、严肃、直线形的官僚建筑转变为阴暗、反光以及微微倾斜的官僚建筑。

大厦里的所有员工办公室的墙上都贴有艺术品、家人以及度假胜地的图片。我们的任务就是为他们提供另外一幅图画——因为只有大厦的工作人员才会观赏这个庭院。事实上没有人能进入这个庭院，庭院建造在两层停车库顶60厘米的土层上。

标准研究院的工作就是指导各种工作的标准化，而且至少在德国，已达到了一种专横的极端。因而这个项目有意作为后现代的妙语：一张A4纸，是标准的DIN产品，而且还是被大厦里的工作人员写过以后从窗户“扔出去”，极不雅观地落在庭院里。这张A4纸为16米×7米的花岗岩板，雕刻有不锈钢DIN的笺头；水流过板层，板上不锈钢的字母形成了一篇文章。成行成丛栽植的树木围合着整个空间，而且只要业主同意，围绕庭院的其他建筑要创造景观时，这个平面还可以进行简单的延伸。因此，景观是一个标准化的日用品，是一句可扩张的标识，在任何时候都可以发展。

绿色津南中心庭园
Green Pia Tsunan Central Garden

地点：Tsunan-cho, Japan
设计：Yoshiki Toda

绿色津南是离退休者的疗养胜地。参观者可以在此逗留并享受周围的娱乐设施，包括滑雪场、野营地、网球场以及室内游泳池。

近邻旅馆的中心庭院设计受当地山脉溪流的启发，那儿的7个瀑布便是闻名的“七水穴”(Nanatsu-gama)。这个地区四周山脉环绕，可以看到大雪，天然水从山上流下来，这些因素都被综合到庭院的设计中，庭院中结合了溪流、水池、7个瀑布以及大草坪。

在溪流的上游放置了一款岩石艺术品，象征了名为“上帝的通道”(Kami-watari)的冰雕艺术品，这是在附近湖面结冰时常见的。在溪流的下游有一圆形的水池，水池倒映天空并反映出季节的变化。

大阪城市大学媒体中心广场
Osaka City University Media Center Plaza

地点：Osaka, Japan
设计：Makoto Naborisaka，
David Buck，Nikken Sekkei

大阪城市大学位于城市南部的一个安静的居住区附近。大学媒体中心是一座10层的复合铝板贴面建筑，它周围的广场是新一轮校园总体规划的首期实施项目。日本大学的传统模式是作为封闭学习的神圣场所，现在通过与当地居民的商讨，已将此作为开放的广场。这个广场从某种意义上说是大学给市民的一个值得纪念的礼物。作为设计者，我们将给学生和居民什么样的礼物呢？我们如何才能在他们之间，在他们与媒体中心之间以及他们与景观之间建立某种联系呢？

运用图书馆文献中的文字，并把这些文字布设在场地的周围，这似乎挺富有逻辑的，就如我们发现与捕捉自然界中的景物与知识一样。我们选择景观情感和景观生态作为一系列铝标示牌的主题，用来介绍城市环境中的自然以及建立人类、自然环境和自然进程的联系。文字刻在铺装上，成组出现在坐凳周围，零散地分布在水池和种植坛边，供市民和学生阅读、学习或研究，启发他们思考对自然的观念以及在现代城市中的意义。有一定的讽刺意味的是，在我们的方案中运用人造的铸铝板来唤起和自然以及景观的情感交流。

主广场是一块70米×40米的场地，位于建筑前面，面对附近的居住区。场地的中心焦点是一个20米×30米的水池，17厘米深，一座铝制桥横跨其上。这座桥4米宽，以50厘米的正方形模数为基础，并超过了水池的边界，象征性的连接场地和周围的居住区。在两排黑皱绸桃金娘科植物和常绿的山茱萸下的木制坐凳给人们提供了阴凉的场所。

第一组的52个词代表了人类最初与自然景观的接触：敬畏、神秘、害怕、幻想。这些词试图唤起我们对早期，甚至是更原始时代的记忆，并能在当今设计环境中引起一种反应。下一组39块铝板是介绍景观生态领域中的一些重要概念：斑块序列、物种多样性、生态完整性。最后28块是对该领域做出贡献的关键人物的名字，从哈佛大学教授理查德·福尔曼(Richard Forman)到德国生态学家卡尔弗里德里希·施赖伯(Karl-Friedrich Schreiber)。没有哪个名单是永远全面和富有代表性的，因此空白的标示牌留待未来在景观生态的发现或填补了各种空白之人。我们提出放置一个放大比例的达尔文《物种起源》的复制品，以纪念作为世界上第一个生态学家的达尔文。这个复制品用铝制成，包括了全部目录、封面、标题和原作的文章结构。这本放大了的书本位于主入口，表明了大楼的功能，标志了达尔文在生态领域的重大贡献。

东京大山海军训练中心
Oyama Training Center

地点：Oyama, Japan

设计：Peter Walker William Johnson and Partners

东京海军训练中心坐落于东京北部乡村的传统农场中。居住、办公、零售业在该地区得到新兴发展。场地满足了一系列新功能的同时还恢复了逐渐消失的农业景观。它引起人们对曾经被模仿而最终被改变的传统农业景观中的各种因素的沉静思考而不是怀旧之情。

风景园林师把这个训练中心以及它的办公室、教室和食宿聚会场地看做是农庄和花园。种植了3排白杨的林阴小道环绕于场地四周，让人们一边在树阴下散步一边欣赏花园别墅般的综合建筑以及远处的景色。遍布起伏的地面，是按几何图案排成的草地和碎石路相间的条带。从地面层特别是从上面的办公室向下看，这些图案很能使人回想起耕作的农田。

综合建筑、庭院的其他地方也以熟悉的花园和农场形式为主要特征。在一个长满树林的庭院中，架子搭于半圆形的墙上，上面爬满了紫藤。一个大的圆形种植坛栽满了优雅的竹子，浅淡的竹叶可以透出上部的光线。

在"城堡"园中，一系列树篱被修剪成雉堞状，使人想起城墙。树篱之间是个隐秘的水池，半隐于开敞的圆形草坪和喷泉水池之中。这座大型花园可用于非正式的集会、晚会和庆祝活动。

DIXI CARRILLO

HIKO MITANI

HIKO MITANI

HIKO MITANI

YKK 研究与发展中心
YKK Research and Development Center

地点：Tokyo, Japan
园林：Toru Mitani,
Sasaki Environment Design Office
建筑：Fumihiko Maki

这座 6 900 平方英尺的庭院是个 3 层办公楼的屋顶花园，处于研究与设计中心、大报告厅及许多办公楼层的围合之中。由于工作人员可终年俯视这个花园，设计必须能反映出自然及人们户外活动的变化。

这个简单几何状的庭院体现了这些变化。雾喷泉润湿了黑色圆形花岗岩，产生了镜面效果，反射出一天内天空色彩的变化。竹丛在楼间产生的气流中摇曳。总裁办公室门前是 55 个红色小鱼状的风向标。这些红色的鱼虽然很小，但是当大风突然吹过，它们一起摇动的时候，却能产生强烈的视觉印象。

大西部生活公司庭院
Great West Life Corporate Garden

地点：Denver, Colorado

设计：Civitas

大西部生活公司向设计小组提出了挑战，他们要求艺术家/雕塑家 Larry Kirkland 和 Civitas 园林公司合作，为其美国总部创造一个吸引人的新庭院。抱着设计观念自由的追求，小组决定为员工们创造一种远离日常办公生活体验的空间，使他们置身于令人难忘的景观中。

庭院中布置了一个大型的遮阴棚，下部为一个下沉的空间，其台阶可供坐憩。使用者可享用两个花岗岩喷泉水池，水流在一头的泡沫圆锥喷泉和另一头的楔形喷泉之间来回震荡。设计加入了 9 座雕塑作为本地的象征，它们从摆放于桌上的 6 英尺高的花瓶到 13 英尺高的抽象造型，各不相同。庭院四周栽种了当地树木、灌木、花卉以及装饰草坪。

优鲜沛公司总部
Ocean Spray Cranberries Headquarters

地点：Middleboro, Massachusetts

设计：Carol R. Johnson Associates

该场地因优美的景色以及新英格兰乡村农业特色被选为优鲜沛公司总部所在地。越桔沼泽地仍维持有丰富的产量，并且它最直观地强调了此处是越桔的产地。设计包括建造公司总部、再造湿地、恢复水生生境的活力、恢复建成地区的乡土景观。

越桔是美国农业中亩产最多的农作物。一个 35 英亩的池塘维系着沼泽地的灌溉、霜冻保护和收割。早在 20 年前由于要在低洼地区筑坝蓄水而修建了这个池塘。由于过分强调池底的有机土壤及较浅的水深，富营养化正在侵蚀这个池塘。夏天，大量杂草及藻类的生长阻塞了整个池塘。除了沿旧河道几英尺宽的一段外，杂草占满了从池底到池面的所有地方。

几乎疏浚了现存水池的一半来提供生境的多样性并提高品质。当与沉淀池筑堤的砂子相混合时，池塘的疏浚产生了 10 万多方额外的肥土。

池塘因其生境的多样性给参观者提供了特别的自然景观。一进入场地，人们就可以隔着池塘看到远处的总部大楼。来访者随后继续沿环绕于池塘的道路行进，蜿蜒穿过林地、沼泽地，最后到达建筑的入口。

美国学院测试公司园区
American College Testing Corporate Campus

地点：Des Moines, Iowa

设计：Herbert Lewis Kruse Blunck Architecture

HLKB 建筑事务所做了总体规划，对现有园区进行了整体调整，其中也包括了 45 万平方英尺的预留地。规划明确了几个目标，包括分期扩建，结合自然场地设施，利用现有的道路及停车场，考虑到每个发展阶段的完备性，预备基础设施以适应将来的发展，减小停车场带来的视觉影响等。

设计方案包括以下几个特征：现有的停车场在最低限度的破坏下进行了扩建，现有的道路只在必要的情况下进行修改，修建了一条新的环形道路以增加园区绿量，延续了林地以及现有的植物、沟壑的自然景观，建造中心广场作为视觉焦点，修建一条栽植针叶树的游行用的林阴小道连接广场和新建圆形剧场。

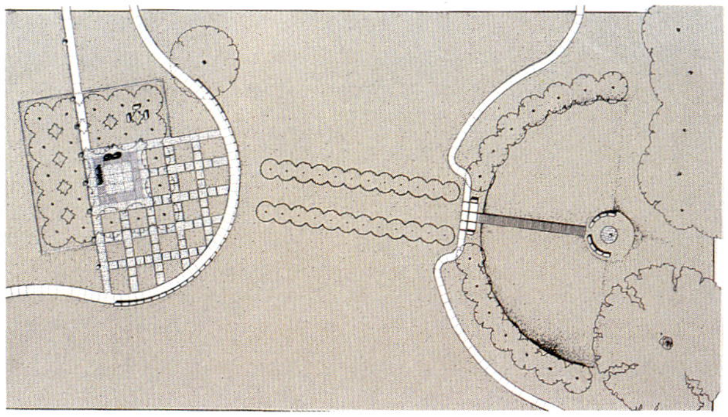

惠普公司罗斯维尔园区
Hewlett Packard Roseville Campus

地点：Roseville, California

设计：The SWA Group

坐落于500英亩起伏草地上的惠普公司服务、修理、配送综合大楼再也不能满足公司目前及将来扩建的需要。过去8年里，植被生长于瘠薄的土地之上，经受着漫长的酷暑。惠普公司希望进行新一轮的总体规划来重新发展公司机构，克服所谓的不利环境。

对风景园林师来说，最重要的任务之一就是让公司重新认识周围环境的不利因素。对于大部分的场地来说，我们并不试图把草地改换掉，而是通过在原始地区撒播乡土草种并在上面加入成片的橡树林，尽可能多的恢复草地。公司开始欣赏这种未破坏的美。

与萨加缅度山谷开阔的平地相对照，并且呼应同样巨大的不引人注目的建筑，SWA集团认为景观中的元素必须粗犷而简单，易于人们去理解和欣赏。室内与室外空间被联系了起来。例如，成行栽植白杨的人行道穿过用榆树遮阴的停车场并通向大楼。梨树使拥有棒球场、篮球场、沙滩排球场的娱乐综合大楼风格统一。这些树木同样使这些大型场地看起来比例适当并很阴凉，以此成为惠普员工能实实在在利用与享受的吸引人的室外景观的关键。设计致力于引进既能遮荫又能耐不利土壤与天气的树种。因此，除去了与树根竞争的因素，把树木从灌木、铺装及草地中解放出来。我们通过局部的以及单独的浇水来维持一个有渗透性的地面，并且利用地下排水系统排掉因土地固有的渗透问题而产生的过量水分。

庭院遍布于机构周围，主要栽植了梨树以吸引员工进入这片阴凉的室外空间。同样也在整个场地种植了许多悬铃木以形成一些浓阴区域。

TOM FOX

TOM FOX

TOM FOX

DIXI CARRILLO

DIXI CARRILLO

TOM FOX

联邦储备银行
Federal Reserve Bank

地点：Dallas, Texas
设计：The SWA Group

当华盛顿的联邦储备委员会决定自71年以来建立第一个新的联邦储备银行时，银行官员们花了几乎10年时间详细研究、分析以及规划这座面向21世纪的达拉斯机构的方案。新的银行必须满足一个中央银行的所有商务需求。它必须具有用于银行管理操作、自动系统及保安措施的最先进的技术。它必须为大众服务，满足员工的需求。最后，它的设计既要能反映德克萨斯环境、历史、特色，同时又要能体现联邦储备银行的实力、尊严与稳定。

休斯敦的SJKB(Sikes Jennings Kelly & Brewer)和纽约的KPF两家公司被委托设计这座综合大楼。1993年，联邦储备银行竣工，占据了商务中心边缘的一个街区。它包括环绕一个中心庭院的3座高楼。

SWA集团通过运用德克萨斯本土耐旱植物使之与当地产生强烈的联系。我们开始在银行周围的人行道边成行栽植南方红橡树，用德克萨斯红丝兰做地被铺满步行入口处。缠绕着紫藤的拉索跨越了室外参观者的停车区域，它们产生了树阴、阴影及季相色彩。

联邦储备银行拥有两个屋顶花园供员工们休息。SWA在设计中面临着几个互相矛盾的要求，包括承重、防水、曝晒、安全、预算以及庭院与周围高楼的强烈几何形体之间的视觉统一问题。

一个2英亩的庭园坐落于大楼北端支票兑取部的上面。其梳子般笔直的道路与大楼的网格相呼应，也分隔出了一块块长楔形的平整而有质感的草地。草地边缘是较高的成熟杂交野牛草。成片的红桦林形成的树阴既分隔了草坪区域，又捕捉了建筑在屋顶上投影线的季相变化。一条蜿蜒的支路连接了一个一年生和多年生植物展览园。银行的会议室、训练机构以及日托中心都面向这个庭园。

较小的庭院与呆板的银行构筑物相对封闭的办公大楼保持了旋转构图的形式，其下有3块倾斜的楔形草地，中心成丛栽植了橡树和由当地一年生和多年生植物组成的各色花带。围绕于这片倾斜草地周边的高大野牛草与草坪中修剪过的狗牙根形成对比。四季花卉组成的花带把这3片草地与地面相连，使人回想起大花园中的色叶植物。办公室、会议室以及其他机构都能向外看到这个庭院。

PHOTOGRAPHS BY TOM FOX

亚利桑那中心庭院与商场
The Gardens and Shops at the Arizona Center

地点：Phoenix, Arizona

建筑：ELS Associates

园林：The SWA Group

亚利桑那州的凤凰城是自20世纪70年代以来美国发展得最快的城市之一。然而它却因市中心缺少特色、精华与兴奋点而苦恼。20世纪90年代，市政官员们提出了一项雄心勃勃的改造计划，它包括诸如新中央图书馆在内的众多公共及私人投资项目。计划的核心是亚利桑那中心，这个由劳司公司(Rouse Company)开发的8块方形地块的多功能场地期望把居民及参观者重新吸引到市中心来。SWA在亚利桑那中心的中央部位建了一个3英亩的绿洲，使这个巨大的场地得到了统一，成为宁静的、舒缓气候的沙漠园周围的办公建筑、零售店以及饭店的中心。

为了给参观者提供躲避烈日的场所，庭院中采用了一系列遮阴棚及爬藤植物。沿着园路的榕树、豆科灌木以及紫薇科植物提供了林下遮阴。900多棵成熟的枣椰形成了植物空间的骨架和上层树冠的浓阴。在这座夏天气温经常能骤升至115华氏度的沙漠之城，SWA结合喷泉、雾、洞穴以及水池，广泛应用了各种形式的水，充当了"室外空调"，使周边的气温降低了20至30华氏度，并且洋溢着宁静与欢愉的气氛。台地园、花坛园、儿童迷宫、用餐的平台以及散步场所都栽植了乡土的沙漠植物与花卉。从周边的建筑上向下俯视，花园内的景观就像涌向中心水池的波浪。

GERRY CAMPBELL

GERRY CAMPBELL

TOM FOX

TOM FOX

DIXI CARRILLO

麦克阿瑟庭院
MacArthur Court

地点： Newport Beach, California

设计： The SWA Group

该公司拥有的3栋低层建筑成对角线排列于约翰·韦恩机场对面。公司希望对它们进行开发，使它们形成有凝聚力的整体，同时又有各自的特色。SOM建筑设计公司设计了2座新的15层办公楼和4层汽车库。SWA在1987年完成了该项目的场地规划和种植设计。最主要的目标是把单独的建筑联系起来衬托规整的建筑，并为参观者和主人创造高雅、宁静、美丽的环境。

一个规整的下客庭园作为新的办公大楼入口，小庭园上有一中心喷泉周围栽植了海枣。喷泉中流出的水溢满了草坡顶上的水池。

树篱勾勒出了场地的边缘。海枣的栽植很有秩序并且突出了建筑和某些功能。成行成丛栽植的各种棕榈体现并加强了纪念性的尺度。它们同样标志出了入口区域。成行的棕榈轮廓在天际线的映衬下，突出了入口的车道。成网格栽植的海枣组成了内部的棕榈庭院把所有四座建筑联系在了一起，也为工作人员和参观者提供了遮荫。设计创造了一种抽象规整的景观基础，突出了2座相同的办公大楼。

PHOTOGRAPHS BY TOM LAMB

索拉纳园区
Solana

地点：Westlake and Southlake, Texas
设计：Peter Walker William Johnson and Partners

自1984年以来，由业主和设计人员组成的规划小组就在为IBM德克萨斯西部地区总部索拉纳园区寻找一个能体现社会、经济、美学、文化、环境之间平衡的设计方案。场地原来是牧场，综合大楼就建于这块850英亩的土地上，距达拉斯/沃斯堡机场有20分钟的车程。建筑群与环境由建筑师梅尔斯（Barton Myers）、米切尔/朱尔戈拉事务所、莱戈雷塔和风景园林师PWWJ (Peter Walker William Johnson and Parterners) 设计并规划。索拉纳的意思是"沐浴着阳光的地方"，园区包括了一个娱乐中心、商业中心以及办公综合建筑，计划容纳20 000名工作人员。

为了保护庭院、花园、河岸以及牧场的连续景观，设计小组决定控制某些建筑景观特征，使曾经是田园风光的这片广阔乡村环境更能体现地域性和历史悠久的农业用途。为了加强牧场的水平线，建筑物高度都限制在5层，并且建筑基址都选在相对低洼的场地。为了保证几百英亩的土地的开敞性、原始性，并在必要时得到恢复，建筑群按传统的西南部庄园风格建造。

对于应保护什么的理解让设计师明白应改变什么。随着索拉纳建造景观的逐渐成熟以及各种特性与状态的空间已经成形，宁静、纯朴的氛围占据了主导地位。在索拉纳，建筑物之间并不争相引人注目，诸如出口的斜坡和停车库等实用要素都以花园、庭院的形式出现以与熟悉的乡村景观相协调。如今，经过10年的扩建和发展，建筑物和庭院融合了地方性特点，在空间、形式、材料上又有明显的现代性，完全与德克萨斯中西部环境相融合了。

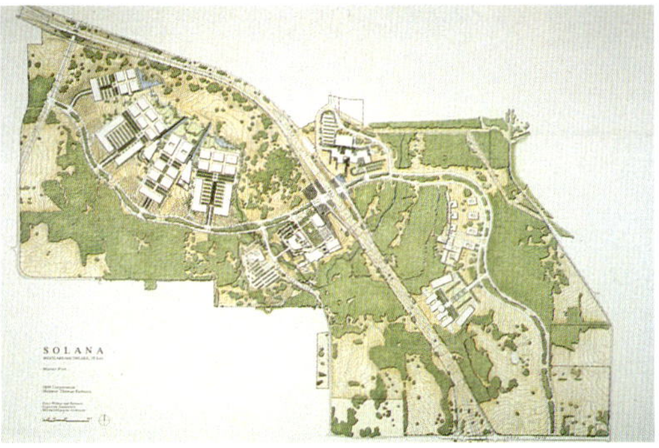

DAVID WALKER

DAVID WALKER

DIXI CARRILLO

DAVID WALKER

DIXI CARRILLO

DIXI CARRILLO

广场大楼
Plaza Tower

地点： Costa Mesa, California
设计： Peter Walker William Johnson and Partners

广场大楼办事处是南海岸广场中心——这个加利福尼亚橙县新兴的城市中心最近的开发项目。该县最早是乡村，在二战结束后的10年里成了大规模市郊开发的场地。风景园林师彼得·沃克早在20世纪70年代初就开始着手这里的规划，他设计了一块5英亩有曲折的道路、连绵的地形和成片树木的自然式公园。如今，随着南岸广场中心的发展，这座综合建筑包括了表演艺术中心、剧场、办公楼、旅馆以及包括野口勇的“加州情景园”在内的广场与空间。建筑师矶崎新设计的广场大楼成为IBM的地方代理总部以及其他公司和餐馆的所在地。

这座醒目的、正面弧形、不锈钢贴面的广场大楼入口环境同样也因用不锈钢和水勾画出几何形式的轮廓而非常醒目。一系列4英寸的不锈钢嵌条直穿入口庭院地面，使大楼与邻近的停车建筑产生了图案上的联系。不锈钢同心圆环组成的一系列圈层和水池使人们从入口的各个方向都可看到相同的喷泉。不锈钢灯柱勾勒出了庭院的边缘，在垂直面上呼应了水平面上的图案。

爱宫胁子特制的雕塑“黄道”(Utsurohi)使建筑与场地间生动而又自然地融合在一起。这座雕塑由12根柱子组成，代表了日本的黄道12宫，它们的顶部由不锈钢细杆相连，映衬于天空就像一个活动的窗花格。广场中的其他元素考虑到了光、风以及天空：如靠近大楼基部浓密的白杨林和紫叶李、反射出色彩变化与自然光强度的不锈钢材料，以及充满倒影的平静池水等。

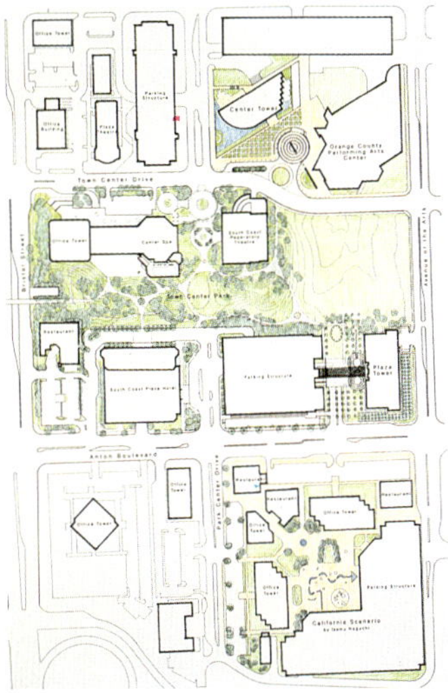

PAMELA PALMER

DIXI CARRILLO

PAMELA PALMER

DIXI CARRILLO

DAVID WALKER

DIXI CARRILLO

约翰·比尔兹利
John Beardsley

园林设计专业的工作需要从外围进行界定。他们需要使公众更好地认识到风景园林对文化建设的重要性;同时还要加深关心园林艺术形式和社会作用的人士之间的讨论。这就需要认清两部分不同的人群——一部分是业余的,而另一部分是专业的——并学会如何同双方交流。这是设计师的工作也是评论家和历史学家的工作。我们需要缩短理论研究者和开业者之间的距离。如果园林设计师要对我们所处的文化空间有真正的影响的话,我们就需要更有力地支持行业内部的讨论交流,为公众提供更大的参与场所。

园林设计论坛的出现意味着这个目标可能得到实现。要学会说就得先学会看。我们必须认识到我们给园林带来了自觉的或不自觉的理论观点。同时我们也需要鼓励园林评论的发展,以此作为分析和解释我们所建园林的手段。

理论和评论同实践不是截然分开的,而是它的不可或缺的组成部分。理论帮助我们预测一项设计在某一特定的自然和社会环境中将会发挥怎样的作用,也揭示了文化变革和土地变化之间的关系。先有事实而后才有评论。我把评论比做剖析(autopsy),不是指把什么东西剖开来看它的死因的意思,而更接近于它的希腊词根(*autopsfa*)的意思,可译为"自己看"(to see for oneself)或"自己亲眼去看"(the act of seeing with one's own eyes)。评论开始于描述。既然大家观察事物的角度不同,评论就可以使我们认识到各自观察事物的习惯,并能对所观察事物取得大体一致的意见。评论还能帮助我们分析所看到的事物与其他事物的关系——与历史、社会和文化背景、地形或生物环境等方面的关系。

这样的观察对任何艺术都是至关重要的,而且也是衡量其成就的重要前提。我基本同意这样的观点:即一件艺术作品在接受公众的观察、分析和评估之前,是不能认为完成了的。

尽管评论是学术活动的一部分,在园林设计实践中却不常见到。评论应当成为每个设计的一部分。设计师应当对自己和同行们的设计进行评论。设计师、评论家和历史学家也应当为公众提供评论。相对而言,评论在其他的视觉艺术领域,如绘画、雕塑和建筑等方面比较活跃。随着越来越多的雕塑家参与了园林项目,他们可能会把自己本行业更为普遍的评论习惯也带进来。同时,这种不同行业兴趣的混合能增加行业间的知识交流。尽管存在例外,但总的来说,建筑师、园林设计师和雕塑家们对自己行业以外的艺术标准和实践模式仍然是十分陌生的。

园林设计专业必须解决一系列目光偏狭的问题才能找到自己在这个世界的位置。园林设计论坛在这一方面也许能有所帮助。首先,必须承认更多的人对园林所作出的贡献——不仅仅是园林设计师,还有艺术家、摄影师、作家和历史学家。本书超越了典型的专业期刊的限制,刊登了园林设计师和雕塑家合作的跨学科项目研究,但是论坛的涉及面可以进一步扩大。在扩大专业范围的同时,论坛也会帮助开拓园林设计本身的意识观念。

不管是抽象的还是自然的,论坛展出的大多数作品都有独特的形式。但缺乏目的性的园林应该受到审视,包括那些大众化的或有本土特色的园林。同样,论坛也包括那些诸如土地规划与保护项目等的没有明显形式特征的园林,尽管它们在这里并不突出。对有意义的开放空间的识别与保护,作为一种将无可争辩的含义赋予有形的环境形态中的实践,深深地吸引了我。事实上,在一个人类的干涉改变了自然的方方面面的年代,从分散的、灭绝的物种到地形地貌甚至是天气,几乎没有什么地方能离开这种文化。

本书重在介绍已建成的项目。应该说,在评价园林艺术状态上相当公正。对于一些设计杂志的读者来说,许多项目会很熟悉。如伯顿事务所的拉霍亚神经科学研究所、里奥斯事务所的洛杉矶私人庭园、玛莎·施瓦兹事务所的多伦多约克维尔村公园一系列公共空间等设计以前都刊登过。但本书所刊出的全部园林作品将给每个人一些惊喜。在这其中我就发现了日本设计师三谷徹(Toru Mitani),他的作品包括中津的风之丘火葬场的公园和庭园,它们与槙文彦的建筑相连。这个作品特别吸引人,一个浅盘状的空间既可作为公园又可作为私人纪念空间。

此外还包括特殊环境的作品,最典型的是马萨诸塞州韦尔斯利的儿童严重精神损伤治疗中心的一座治疗花园。这座花园由Child 事务所最早提出方案,Douglas Reed 最终完成。它由从治疗中心伸延出去的系列空间组成。每一空间都有自己的激发身体和精神恢复力的功能。孩子只要愿意冒险通过这些空间都能明显地得到诊断和治疗。

论坛在展示建成作品的同时也应关注更加理论化、概念化和更有远见的方法。在自然越来越多地受到仿造和虚拟的威胁下,我们可以讨论一些问题。例如对外部自然环境的依恋是否会有怀旧的危险?最生动的自然构想现在是否无法在我们的购物步行街、主题公园、电视和计算机里找到?论坛展示的一些设计项目开始不经意地对待这些思想观点。最明显的是彼得·沃克为慕尼黑的凯宾斯基宾馆所做的设计。在旅馆休息厅的内外都摆满了装着塑料天竺葵花的玻璃架子,模糊了内外之别、自然和人造之别。然而,其他的建成项目可能就不是寻找自然的文化演化印迹的场所了。

所有这些都表明设计景观并不是一种而是多种现象,而各种不同的专业用不同的眼光来看待它。对雕塑家而言,风景已经成为回避在现代主义时期主宰艺术的狭窄形式主义观念的途径,一种将静态的、便携的室内艺术品与现世生活、地形和社会特征相融合的手段。然而,对设计师而言,园林的物质和社会特性都是熟悉的领域,而他们当中有许多人似乎决心要增强园林设计的艺术性。当规划师听说自己的工作因缺乏足够的自觉艺术性而不能被理解为设计时,他们可能会感到惊讶。而保护主义者却找到了不考虑美学意义的借口,因为田野和森林已被毫无特色的无规则的城市扩张所吞没,更不用说具有重要历史意义的形形色色的人类和生物群落。总而言之,园林特点和性质仍有待进一步的探讨和阐述。

我称之为形式创造者和生态保护者之间的派别分歧也需要解决。我想后者会申诉他们的标准比前者高。以生态为目标的规划典型是根据它们设计的优劣功过来评价的,更注重形式的规划并不总是从生态角度来进行衡量。例如 Bill Wenk 事务所在科罗拉多州的奥罗拉肖普克里溪流修复工程受到了普遍的赞扬,因为它解决了侵蚀问题,并使泥土和水泥混合料制成的月牙形护堤与原来的河床浑然一体,创造了一个自我维持的生态系统。但它也因没有设计供人使用的道路交通系统、缺乏与大文化环境明显的联系而受到指责。与此同时,许多以形式为目标的设计项目却逃避了生态方面作用的评估。要是能提出衡量诸如资源消耗、灌溉、维护需求和生境结构的可持续指标，并把它应用于像彼得·沃克在科斯塔梅萨的南海岸购物中心或Mark Rios在洛杉矶的私人花园之中，看看它们将怎样同更具生态特点的设计相比，那可能会很有趣。

我认为要掌握住的一点是：园林的系统观点要求每一个项目都必须包括形式、生态、历史和社会内容。评审的作品中有迹象表明这种情况已开始发生。这方面的典型例子有Mario Schjetnan在墨西哥城设计的科茨米尔可自然公园。此公园是在墨西哥河流域恢复一占地3 000公顷的古湖泊环境工程的一部分。科茨米尔可地区于1987年被联合国教科文组织列入世界历史遗址。它包括众多的运河、泻湖以及自前殖民地时期以来被用于农业的“漂浮岛”。除了疏浚运河、恢复水质和改造漂浮岛之外，此工程还包括一个Schjetnan设计的占地270公顷的公园。公园里有娱乐、历史、教育和工作各方面题材的园林，包括一个花市、一个复制的人工农业岛、几处休闲娱乐区和人种学、植物学、考古学展示。

还有其他的项目也显示出这种形式和生态追求的结合。Lorna Jordan同西雅图的Jones and Jones合作设计的水工程公园是在华盛顿州任顿市的一个暴雨处理项目。庭园把雨水收聚到一些叶形的水池里，将水中的污染和沉淀物清除。这个设计包括好几个引人入胜的雕塑，最突出的是一个由马赛克镶嵌表面的混凝土洞穴，纯净清澈的水流由此倾泻而下。

这些狭隘的问题的解决就使得设计师们可以进一步探讨对风景园林的性质有深刻含义的问题了：是否大就是千篇一律、平庸无奇？理论是否可以推动实践？在全球市场上，区域或地方主义是否仍然可行？随着公司的发展扩大，它们工作的质量是否不可避免地要下降？随着越来越多的公司在海外经营运作，它们是否还会关心当地文化？是否采用那种以不变应万变的经营模式？在园林行业里有没有一个评论和理论著述的重要团体？或者是理论就此范围说来仅仅是从其他学科专业借用过来的表面装饰？我们能否想像一种有实际应用意义的理论和一种具有理论基础的实践？

还有许多紧迫的事情需要重视。这儿虽然没有多少站在开发立场上的工程项目，但它们却是当今园林设计中最成问题的方面。在诸如洛杉矶的宇宙城步行广场、日本福冈的博多运河中心等日益发展扩大的商业区和城市娱乐区自然似乎日益衰退消亡。被过度利用的、充斥俗艳华丽的建筑背景的环境对景观而言不说是敌意的话至少也是淡漠而无动于衷的。

园林设计师也需要在基础设计建设中进一步发挥作用。在园林设计论坛上几乎没有看到这类作品，只有Royston Hanamoto Alley & Abey设计的旧金山滤水厂。这个项目引起了一些争议，因为它大部分都深藏于地下。还能想像出什么其他的基础设施工程吗？我们怎样才能促进退化了的城市和工业景观的恢复呢？大部分的恢复工程采取了改良的做法，但是我们除了从破坏中创造宜人空间外还能有何作为呢？我们要不要尝试一下城市农业？我们能不能想像出一种设计，使它能重视资源消耗和浪费的系统问题，揭示首先导致破坏的社会过程？

与心理分析学一样，本书最具有揭示性的内容不是它所说的，而是它没说出来的。应该更引人关注的不仅是我们看到的，还有我们没有看到的。公路、商业区、主题公园和停车场的景观何在呢？我们将如何协调商业和娱乐区呢？令人吃惊的是，园林设计同大部分建设无关。设计师与艺术家们可能应该更主动一点，自己去寻找机会而不是等待机会。与其让赞助人独自去决定园林专业在哪里运作和如何运作，设计师们不如投身于那些有意义的建设中并成为主导力量。

最重要的，所有关心园林的人都应当根据互相依存的文化与自然系统继续重新思考园林。不要把园林当做静止的、被动消极的环境来对待，而应当把它看成是一种处在变化中的动态空间。在这次初次的尝试中，园林设计论坛以报道过去10年中的园林行业为特色，并且也提出了将指导随后几年园林发展方向的一些问题。

后 记

《园林设计论坛 1》是风景园林设计的国际性学术交流会议专集。全书包括引言与回顾、设计实例、图片和主要项目设计介绍三个部分,伊丽莎白·K·梅尔、詹姆斯·科纳、麦克·垂帕和约翰·比尔兹利等著名学者撰写了各部分相应的专题论文,反映了20世纪90年代中期以西方国家为主的风景园林行业最新发展状况及水平,有较高的学术价值。书中的实例与项目介绍图文并茂,向读者展示了各种类型的设计。

通过阅读本书我们感到至少有三点是我们可以借鉴的:首先是西方园林界在学术上所表现出来的自由性与开放度。论坛并没有拘泥于传统清一色的本行业设计师的交流,而是竭尽可能地为园林师、艺术家、建筑师、环境设计师、历史学家、摄影师、评论家、教师、赞助商等不同专业与文化背景的人们提供一个各抒己见的场所。其次是设计评论对设计实践的引导与推动。西方园林从总体上所呈现的成熟也反映在设计评论的丰富上。正如艺术评论家丹托所论"评论最高的使命是揭示给予一件作品或一套作品生命的思想",设计评论的重要性在于评论家能够站在较高的专业设计角度,将设计师及其作品放在历史的延续与当代的发展一纵一横两条线上来考察,因此客观中肯或有时有点辛辣的评论必然有益于园林设计行业的健康发展。第三是关于文化雄心抱负的倡议。詹姆斯·科纳的一篇充满激情的文章批评了当前充斥于园林设计行业的陈词滥调,呼吁雄心与远见的复兴。他认为这种复兴依赖于富有探索精神和充满活力的概念体系,从智慧灵性上进行创造,形成深思熟虑的作品以取代今日办事员标准的心胸狭窄、高度职业化、毫无创造性的园林。也许读者在书中还会发现更多有意义的东西,但是,至少以上几点,尤其是在园林中对文化雄心抱负的追求就十分值得我们深思。

感谢美国空间营造者出版社授予中文版权,感谢东南大学出版社热情支持与努力,使这些优秀的设计能够与中国读者见面。感谢东南大学出版社徐步政先生、姜来小姐在丛书选题上对我的信任和支持。特别感谢编辑姜来小姐、王玮小姐的认真与细心。还有宋华莉小姐、宋磊先生,他们帮助查证了众多的人地名。感谢陈中麟教授协助部分初稿的翻译。感谢我的研究生钱筠、罗枫、秦华茂、李娟娟、张剑飞、胡吉、刘海鸥在参加与协助本书的翻译及校对等繁杂工作中所做的贡献与努力。

由于时间及水平所限,译文中不贴切与欠妥之处,敬请读者批评指正。

王晓俊

2002.10